개정된 한국전기설비규정(KEC) 적용

시퀀스 제어 실기 실습

오선호 · 노명준 · 원우연
이동환 · 구인석 · 이강희 공저

 일진사

시퀀스제어 실기/실습

머리말

    오늘날 첨단 기술과 과학 문명이 급속히 발전하는 과정에서 전기 기초 기술은 많은 분야와 융합되면서 우리 일상생활과 산업분야에 널리 이용되고 있으며, 현대 산업 사회에서 가장 중요한 기술이 되고 있다.

    본 교재는 이러한 경향에 맞추어 시퀀스 제어 회로를 처음 접하는 학습자가 내용을 쉽게 이해하고 기능을 학습하는 데 도움을 주고자 집필하였으며, 다음과 같은 특징으로 구성하였다.

    첫째, 현장 실무에서 많이 사용되고 전기 기초 기술이 되는 공구 사용법, 전선 접속법, 시퀀스 제어 회로, 시퀀스 논리 회로를 중점적으로 다루었다.

    둘째, 시퀀스 제어 회로를 처음 접하는 학습자에게 배선의 이해를 돕고자 결선 상태를 자세하게 사진으로 표현하여 초급자가 쉽게 이해할 수 있도록 하였다.

    셋째, 시퀀스 제어 회로를 기초부터 응용까지 체계화하여 누구나 쉽게 기능을 습득할 수 있도록 과제마다 QR코드를 삽입하여 동영상과 교재를 활용한 이해도를 높이고자 하였다.

    넷째, 교재 내용은 개정된 한국전기설비규정(KEC)을 적용하였으며, 전기관련 국가기술자격 취득에 도움이 되도록 구성하였다.

    끝으로 본 교재를 활용하여 공부하는 학생들에게 시퀀스 제어 기술이 응용되는 모든 분야에서 전반적인 이해의 폭을 넓히고, 산업 현장에서 유능한 기술자로 국가 산업 발전에 이바지하기를 바란다. 미흡한 부분이 있다면 앞으로 보완해 나갈 것을 약속드리면서 본서를 발간하기까지 많은 도움을 주시고 꼼꼼히 검토해주신 **일진사** 편집부 여러분의 노고에 진심으로 감사드린다.

저자 씀

차례

CHAPTER

3 논리 회로와 논리 대수

CHAPTER 4 시퀀스 제어 응용 회로

CHAPTER | 부록

시퀀스제어 실기/실습

CHAPTER

01

공구 사용법과
전선 접속

1. 공구 사용법
2. 배선 기구의 접속법
3. 전선의 접속법

1 ─● 공구 사용법

1-1 배선 수공구

각종 실습과 작업의 그 목적에 맞는 공구를 선택하고, 수공구의 용도에 알맞은 사용법으로 효과적으로 수리 및 작업을 할 수 있다.

1 드라이버

드라이버는 용도에 따라 여러 가지 종류가 있다. 일반적으로 나사못이나 나사를 돌려 조이거나 푸는데 사용하는 공구로, 일(−)자형 드라이버와 십(+)자형 드라이버 등이 있다.

드라이버의 종류에는 전공용, 양용, 해머, 정밀, 검전 드라이버 등이 있으며 드라이버의 치수는 **굵기×길이**로 나타낸다. 길이는 손잡이 부분을 제외한 날장의 길이를 의미한다.

드라이버의 치수

(1) 전공용 드라이버

손잡이 부분을 누르며 돌리는 나사못 작업에 유리하며 손잡이 부분이 원형으로 볼록하게 되어있어 작업자가 편하게 작업할 수 있다.

(2) 양용 드라이버

필요시마다 일자형과 십자형을 겸용으로 사용할 수 있는 드라이버이다.

(3) 타격 드라이버

흔히 해머 드라이버라고 한다. 손잡이 부분에 강철이 달려있어서 원하는 부분에 타격을 가할 수 있다. 대부분 강철부분과 드라이버 날이 연결되어 있어서 전기용으로 사용하면 감전의 우려가 있으므로 주의하여야 한다.

(4) 정밀 드라이버

흔히 시계 드라이버라고 한다. 기판 작업이나 시계 등의 정밀한 부분에 많이 사용하며, 3mm 이하의 드라이버를 말한다.

(5) 검전 드라이버

일자(−) 드라이버가 대부분이며 전선의 동선이나 콘센트부의 전원 여부를 빛이나 소리로 확인할 수 있다.

2 플라이어

플라이어는 용도에 따라 그 목적에 맞도록 여러 가지 종류가 있으며 일반적으로 배선작업에서는 펜치, 니퍼, 롱 노즈 플라이어가 일반적으로 사용된다.

(1) 펜치

펜치는 절단용 공구로 전선의 절단과 접속 등에 사용된다. 크기는 전체의 길이로 나타내며 6인치(150mm), 7인치(175mm), 8인치(200mm) 등이 있으며 일반적으로 6인치, 7인치는 옥내 공사에서, 8인치는 옥외 공사에서 주로 사용된다.

(2) 니퍼(nipper)

니퍼는 전선 및 가는 철사를 절단할 때 사용된다. 크기는 전체의 길이로 나타내며 4인치(100mm), 5인치(125mm), 6인치(150mm), 7인치(175mm)가 일반적인 크기이다

[펜치]   [니퍼]

(3) 롱 노즈 플라이어(long nose plier)

일반적으로 라디오 펜치라고 부른다. 물림부가 길고 뾰쪽하여 가는 전선을 절단하고 고리를 만들거나 구부릴 때 사용하기 편리하다. 가랑이 틈을 이용하여 전선이나 동선을 잡을 수도 있다. 크기는 5인치(125mm), 6인치(150mm)가 일반적이다.

(4) 플라이어(slip joint plier)

신축이음의 연결 축으로 턱의 조절이 가능하므로 물체의 물림 범위가 커질 때 간격이 조절 가능하다. 턱의 안쪽 부분은 둥근 모양의 턱으로 너트 작업이나 철판 고정 등 물체를 쥐거나 고정하는 데 사용한다.

[롱 노즈 플라이어]　　　　　　[플라이어]

(5) 바이스 플라이어(locking plier)

나사 및 너트 작업, 배관 작업에서 고정하거나 회전 등의 작업에 주로 사용된다. 조절 나사로 턱의 간격을 조절하고 레버는 조절 나사의 압력을 올리거나 내림으로써 턱 간격을 조절한다. 릴리스 레버로 플라이어의 잠금을 해제하고 손잡이를 푸는 레버이다.

[바이스 플라이어]

(6) 스냅 링 플라이어(snap ring plier)

스냅 링을 벌리거나 오므릴 때 사용하는 공구이다. 벌림과 오므림, 겸용으로 구분되며 -자형과 ㄱ자형이 있다. 다음 [그림]은 겸용 스냅 링 플라이어를 나타내고 있다.

← 벌림 →　　　　　오므림 ←

[스냅 링 플라이어]

(7) 와이어 스트리퍼(wire stripper)

와이어 스트리퍼는 전선의 피복을 벗기는 공구이다. 일반적으로 전선의 피복을 벗길 때 공구에 의해 단선이 될 수 있으므로 와이어 스트리퍼를 사용하여 편리하고 안전하게 전선의 피복을 벗길 수 있다.

[와이어 스트리퍼]

(8) 터미널 압착 펜치

전기 사고의 대부분은 접속점에서 발생한다. 전선과 전선이 결선되는 접속점과 연선의 단자대 접속의 경우에는 접속점에서 확실한 접속이 오래도록 유지되느냐가 가장 중요하므로 단자대의 연선 접속에서는 전류 용량이 넉넉한 터미널을 선정하고 터미널과 전선을 확실히 찍어 접속하기 위하여 터미널 압착 펜치가 필요하다. 터미널의 종류는 다음 [그림 (b)]와 같이 순서대로 링(ring)타입 O형, Y형, I형 등 다양하다.

(a) 터미널 압착 펜치

O형   Y형   I형

(b) 터미널의 종류

[터미널 압착 펜치와 터미널의 종류]

2 ● 배선 기구의 접속법

2-1 배선 기구의 단선 접속

    기계 기구 단자의 잘못된 접속법으로 발열사고의 원인이 될 수 있기 때문에 전선의 단자 접속은 매우 중요하다. 단자 접속은 습기, 염분으로 인해 일정 기간 후 녹이나 부식이 발생할 경우에는 즉시 교체하여 사고를 예방하여야 한다. 배선 기구의 전선 접속은 전선 및 기계 기구 단자의 종류에 따라 여러 가지로 구분된다.

[단자 만들기의 종류]

구분 ＼ 종류	고리 단자	직선 단자	압착 단자
단선	○	○	×
연선	○	○	○
케이블	○	○	×

1 전선 펴기

    단선의 피복을 쉽게 벗기기 위해 공구를 이용하여 전선을 편다.

2 전선의 피복 벗기기

    비닐, 고무 절연 전선 및 케이블은 전공칼을 이용하는 방법과 와이어 스트리퍼를 이용하는 방법이 있다. 전공칼을 이용하는 방법에는 연필깎기와 단깎기로 구분되고 현장에서는 단깎기 방법이 많이 이용된다. 와이어 스트리퍼를 이용하는 방법에는 자동과 수동이 있다.

    전선의 피복을 벗기는 작업은심선에 심한 스크레치나 찍힘 부분에서 발열 및 단선이 발생할 수 있기 때문에 주의한다.

    전공칼을 사용하여 연필깎기를 하는 경우 전공칼을 20° 정도 눕힌 후 심선이 상하지 않도록 피복을 깎아낸다. 단깎기 방법은 칼과 전선과 직각상태로 놓은 상태에서 칼을 한 바퀴 돌려 피복을 제거한다.

와이어 스트리퍼(수동)를 사용하여 피복을 벗기는 작업은 전선과 와이어 스트리퍼를 직각 상태로 위치시키고 전선의 굵기에 맞는 홈을 찾아서 손잡이를 누르고 전선을 벗긴다. 전선과 와이어 스트리퍼에 무리한 힘이 가해져 지속적으로 사용할 경우 와이어 스트리퍼의 양날이 벌어지는 현상이 발생하므로 주의하여야 한다.

(a) 연필깎기 방법   (b) 단깎기 방법

[전선의 피복 벗기기]

3 나사 조임 단자에 접속하기

다음 [그림 (a)]와 같이 나사 조임 단자에 단선이나 비교적 가는 연선을 접속할 경우 많이 사용된다. 고리 단자를 만들어 나사 조임 단자의 볼트를 완전히 풀어 고리 단자에 끼운 후 단자를 조여 접속한다.

① [그림 (b)]와 같이 고리 단자의 크기에 알맞은 길이로 피복을 제거한다.
② 심선을 반시계 방향으로 90° 정도 구부린 다음 롱 노즈 플라이어를 사용하여 시계방향으로 둥글게 구부리면서 원형으로 만든다.
③ 원형으로 된 심선의 끝부분은 심선에 닿지 않도록 1~2 mm 정도 여유를 주고 자른다.
④ 볼트의 지름에 따라 고리 단자의 크기를 조절한다.

(a) 나사 조임 단자   (b) 직선 단자

(c) 1.5mm² 비닐 절연 전선   (d) 2.5mm² 비닐 절연 전선

(e) 좋은 예   (f) 나쁜 예   (g) 나쁜 예

[나사 조임 단자 접속]

4 고정식 단자 접속하기

제어 배선 기구에서 2.5mm² 이하의 단선을 접속하는 경우 사용된다.

① 전선의 삽입 깊이를 맞추어 피복을 벗긴다.

② 전선의 피복이 누름판에 물리지 않도록 1~2mm 정도의 심선이 보여야 한다.

1~2

[고정식 단자 접속하기]

5 속결 단자

속결 단자는 주로 조명용 스위치에 주로 사용되며 $2.5\,mm^2$ 이하의 단선을 접속하는 데 쓰인다. 스트립 게이지에 맞도록 피복을 벗기고 전선을 삽입한다. 전선을 제거할 때는 누름판을 드라이버로 누르면서 전선을 제거한다.

누름판 전선
스트립 게이지

[속결 단자]

2-2 배선 기구의 연선 접속

배선 기구의 연선 접속은 터미널을 사용하여 안전하게 접속한다. 터미널 압착 펜치를 사용하여 압착이 시작되면 완료될 때까지 압착 공구의 손잡이가 열리지 않는 공구를 사용하는 것이 확실한 압착 방법이다.

1 압착 터미널 접속

(1) 압착 터미널 전선 삽입

연선에 색상 절연 튜브를 끼우고 연선의 피복을 벗긴다.

다음 [그림]과 같이 터미널에 약간의 소선을 남겨 두고 삽입한다. 단, 터미널이 PG 타입의 경우 자체적으로 절연 튜브가 부착되어 있으므로 절연 튜브 부분을 압착한다.

압착 터미널 전선

[압착 터미널 전선 삽입]

(2) 터미널 압착 방향

38mm² 이하 전선은 주로 배꼽 압착을 하며, 다음 [그림]과 같이 배꼽 찍기 형태이다.

압착기를 터미널의 환형 압착 단자에 위치시키고 찍힘 부분을 배꼽 부분으로 향하게 배치하고 압착을 시작한다.

(a) 환영 압착 단자   (b) 소선 삽입 상태   (c) 전면 압착한 상태

[터미널 압착 방향]

(3) 단자 압착 후 확인 사항

① 압착 부위가 중앙에 되어야 한다(한쪽으로 기울지 않을 것).

(a) 정상   (b) 불량   (c) 불량

[압축 위치]

② 압착 부위에 균열이 없어야 한다.

(a) 정상   (b) 불량

[압축 부위 균열]

③ 소선이 너무 길어 볼트 작업에 지장을 주지 않아야 한다. 전선 끝부분은 압착 단자의
   환영 부위보다 약 0.5mm 이상 나오도록 한다.

(a) 정상   (b) 불량

[소선 길이]

④ 환영 부위와 피복 간의 간격이 있어야 하며, 필요 이상의 간격을 주지 않는다.

(a) 정상   (b) 불량

[압착 터미널과 전선의 간격]

⑤ 터미널 1개에는 한 개의 전선만 삽입한다.

(a) 정상   (b) 불량

[2가닥 이상의 전선 삽입]

⑥ 압착 부위는 전선의 피복이나 이물질이 없어야 한다.

(a) 정상   (b) 불량

[이물질 삽입]

⑦ 터미널에서 전선이 빠지지 않는지 잡아당겨 확인한다.

(4) 단자대에 터미널 접속

① 단자대의 볼트를 풀어낸다.

② 볼트에 와셔를 꼭 끼워 넣는다.

③ 전선의 모양을 조정하고 단자대에 볼트를 조인다.

④ 2가닥의 전선이 단자대에 연결될 때는 다음 [그림]과 같이 연결하고 한 단자에는 2가닥까지만 접속할 수 있다.

(a) 서로 비스듬히 물림 방법　　　　(b) 서로 등을 맞댄 물림 방법

[2가닥의 전선이 단자대에 연결될 때]

2 스터드 단자 접속

　비교적 굵은 연선의 접속에 사용되는 방법으로 다음 [그림]과 같이 압착 터미널에 심선을 압착하거나 납땜하여 접속한다. 진동이나 온도의 영향으로 단자가 헐거워질 우려가 있는 경우에는 스프링 와셔 또는 더블 너트를 사용한다.

[스터드 단자 접속]

3 — 전선의 접속법

3-1 전선(구리)의 접속 종류

(1) 직선 접속
   ① 트위스트 접속 : 단면적 $6mm^2$ 이하
   ② 브리타니아 접속 : 단면적 $10mm^2$ 이상(전선 지름의 20배 가량 피복을 벗긴다.)
   ③ 슬리브에 의한 접속
      – 슬리브 종류(S형, E형, P형, C형, H형)

(2) 분기 접속
   ① 가는 단선 분기 접속(단면적 $6mm^2$ 이하)
   ② T형 커넥터에 의한 분기 접속
   ③ 슬리브에 의한 접속

(3) 종단 접속
   ① 종단 겹침용 슬리브 접속
   ② 비틀어 꽂는 형의 전선 접속기의 접속 : 와이어 커넥터
   ③ 꽂음형 커넥터에 의한 접속
   ④ C형 전선 접속기 등에 의한 접속 : 굵은 전선을 박스 안에서 접속할 때
   ⑤ 터미널 러그에 의한 접속 : 굵은 전선을 박스 안에서 접속할 때

3-2 단선 접속하기

단선의 접속에는 가는 단선의 직선 접속, 가는 단선의 분기 접속, 굵은 단선의 직선 접속, 굵은 단선의 분기 접속, 단선의 종단 접속 등이 있다.

전선과의 접속에서는 전선과 전선 사이의 간격이 생기지 않도록 하고 심선에 손상이 가지 않도록 하여야 한다.

1 가는 단선의 직선 접속 (트위스트 직선 접속, 6mm² 이하)

[그림 1]

① [그림 2]와 같이 약 200 mm 정도로 두 가닥으로 구분하여 자르고 각 전선의 직선 접속 부분(전선 지름의 60배)을 100 mm 정도 벗긴다.

② 피복으로부터 심선 길이의 $\frac{l}{3}$ 정도 떨어진 곳을 교차점으로 전선의 두 심선을 30° 정도로 서로 교차시킨다.

[그림 2]

③ 교차된 두 심선을 엄지와 검지로 두 심선 간의 접촉이 유지된 상태에서 360°(1회) 돌려준다.

[그림 3]

④ 펜치로 잡은 반대편의 심선을 전선의 중심과 90°가 되도록 위로 구부려 세우고 오른손 엄지를 활용하여 견고하게 밀착시킨 상태에서 시계 방향으로 구부린다. 남은 심선은 잘라내고 잘라낸 부분의 끝을 펜치로 눌러 압착시킨다.

⑤ 반대 방향도 같은 방법으로 작업을 진행한다.

[그림 4]

2 가는 단선의 분기 접속

[그림 5]

① [그림 6]과 같이 본선의 피복을 분기선 지름의 30배 정도 되게 벗기고, 분기선은 본선의 지름 60배 정도가 되도록 벗긴다.
② 본선과 분기선을 나란히 하고, 펜치가 피복의 끝부분에 위치되도록 고정한다.

[그림 6]

③ [그림 7]과 같이 분기선을 구부려 본선과 45° 정도로 교차시키고 시계 방향으로 1회 감은 후 분기선과 본선이 90°가 되도록 위로 구부려 세운다.
④ 분기선을 오른손 엄지와 검지로 본선에 밀착된 상태에서 5회 정도 감는다.

⑤ 남은 분기선은 잘라내고 잘라낸 부분의 끝을 펜치로 눌러 압착시킨다.

[그림 7]

❸ 굵은 단선의 직선 접속 (브리타니아 직선 접속, 10mm² 이상)

[그림 8]

① [그림 9]와 같이 심선 지름의 20배 정도 피복을 벗기고 심선 끝을 약 2mm 정도 구부린다.

[그림 9]

② [그림 10]과 같이 심선의 지름에 10배 정도가 되도록 겹친다.
③ 첨가선으로 사용할 나동선을 오른쪽에서 왼쪽으로 심선에 가져다 댄다.

[그림 10]

④ [그림 11]과 같이 중앙 부분에서 간격을 두어 2회 정도 감고 심선과 첨가선 위에 5회 정도 감은 다음 첨가선과 함께 8~10 mm 정도 꼬아 남기고 잘라 버리고 잘린 부분을 펜치로 압착시킨다.

[그림 11]

⑤ 첨가선을 감을 때에는 펜치를 사용하여 첨가선을 당기며 감는다.

[그림 12]

⑥ 반대 방향도 같은 방법으로 작업을 진행한다.

4 굵은 단선의 분기 접속

[그림 13]

① 본선은 심선의 지름 30배 정도로 중간 접속 부분의 피복을 벗기고 본선의 15 mm 되는 곳에서 분기선의 심선이 본선과 나란하게 합쳐지도록 구부린 후, 본선과 분기선에 첨가선을 가져다 대고 왼쪽으로 루프를 만든 후 접속선으로 1~2회 감는다.

② 굵은 단선의 직선 접속과 같은 방법으로 작업을 진행한다. 루프를 절단하여 첨가선으로 본선과 첨가선을 3~4회 감은 후 접속선과 첨가선을 2회 이상 꼬아준 후 절단한다.

자른다.

[그림 14]

3-3 연선 접속하기

1 자체 소선을 사용한 연선의 직선 접속

앞

뒤

[그림 15]

① 심선 지름의 40배 정도 되게 피복을 벗긴다.
② [그림 16]과 같이 각 소선을 풀어 펜치를 이용하여 곧게 편다.

심선 지름의 40배

[그림 16]

③ 중심의 소선 한 가닥을 $\frac{l}{3}$ 정도 길이만 남기고 각각 잘라 버린다.

④ 중앙 부분에서 좌우의 심선 한 가닥씩을 서로 비틀어 세워 놓으며 위로 향한 심선을 펜치로 잡아 오른쪽으로 5회 정도 감고 나머지 부분은 잘라 버린다.

[그림 17]

⑤ 또 하나의 심선을 위로 세워서 3회 감는다. 이와 같은 방법으로 오른쪽으로 반복해 나가며 왼쪽 부분도 같은 방법으로 완성시킨다.

2 연선의 분기 접속

① [그림 18]과 같이 본선을 분기선 지름의 15배 정도 되게 피복을 벗기고, 분기선은 본선 지름의 30배 정도 되게 벗긴다.

[그림 18]

② 분기선의 소선을 풀어 곧게 편 다음 본선의 심선을 싸는 것처럼 댄다.

③ 피복 끝 부분부터 10~20 mm되는 곳에서 분기선의 소선 한 가닥을 펜치로 잡고 수직으로 세운 다음 3회 감고 잘라낸다.

④ 다음의 소선을 수직으로 세워 3회 감은 다음 잘라낸다.

⑤ 나머지 소선들도 차례로 3회씩 감아 나간다.

3 연선의 분할 분기 접속

소선이 7본이면 6회
소선이 19본이면 3회

[그림 19]

① 분기선의 소선을 풀고 곧게 편 다음 둘로 가른다.
② 왼손으로 두 선을 잡고, 오른손으로 소선 한 가닥을 세워 펜치로 잡아 당겨서 6회 감
　은 다음 잘라내고 나머지 소선도 차례로 6회 정도 감고 잘라낸다.
③ 분기점의 소선이 19본 이상인 경우에는 3회씩만 감아 나간다.
④ 왼쪽도 같은 방법으로 감아 완성시킨다.

본선

분기선

[그림 20]

3-4 종단 접속하기

1 굵기가 같은 단선의 종단 접속

[그림 21]

① 지름 30배 정도로 피복을 제거한다.

② 두 전선의 피복 끝부분을 일치시키고, 왼손으로 펜치를 사용하여 잡는다. 오른손 엄지와 검지를 이용하여 심선을 1~2회 꼬아준다.

[그림 22]

③ 왼손으로 전선을 잡고 오른손으로 펜치를 이용하여 심선을 잡아당기면서 1~2회 더 꼬아주고, 심선을 10 mm 정도 남기고 나머지 부분을 잘라낸다. 남은 10 mm 심선을 반대로 구부려 마무리한다.

2 굵기가 다른 전선의 종단 접속

[그림 23]

① 가는 전선은 전선 지름의 60배 정도, 굵은 전선은 지름의 30배 정도의 피복을 제거한다.

② 두 전선의 피복 끝부분을 일치시키고, 가는 전선을 굵은 전선의 피복 부분에서 5~10 mm 정도의 곳에 펜치로 잡는다. 오른손으로 가는 전선을 1회 감은 다음, 수직으로 세워서 5회 정도 밀착시켜 감는다. 남은 가는 전선을 잘라 버린 후 굵은 심선에 밀착시켜 준다.

③ 굵은 전선은 가는 전선을 감은 방향으로 구부려서 10 mm 정도만 남기고 잘라 버린 후 펜치로 눌러 마무리한다.

[그림 24]

실습 과제 1	배선 기구의 단선 접속

■ 요구 사항

1. 고정식 단자 접속은 단자대 및 릴레이 소켓을 사용하여 접속한다.

2. 조임 단자 접속의 고리 방향은 시계 방향으로 견고하게 접속한다.

3. 연선의 터미널 접속은 압착 방향과 압착 부분을 고려하여 접속한다.

[고정식 단자 접속]　　　　[조임 단자 접속]

[연선의 터미널 접속]

■ 재료 목록

필요 재료	비닐 절연 전선	비닐 절연 전선	단자대	압착 터미널
재료 규격	단선 1.5 mm^2	연선 2.0 mm^2	4P	Ring TYPE 2SQ
재료 수량	1 m	1 m	1개	10개

실습 과제 2   가는 단선의 접속

■ 요구 사항

1. 비닐 절연 전선이 서로 접속될 때 전선과 전선 사이의 간격이 생기지 않도록 한다.
2. 접속된 두 전선을 당겼을 때 접속 부분이 흔들리거나 움직이지 않도록 견고하게 접속한다.

[가는 단선의 직선 접속]

[가는 단선의 분기 접속]

■ 재료 목록

필요 재료	비닐 절연 전선	비닐 절연 전선
재료 규격	단선 $1.5\,\mathrm{mm}^2$	단선 $2.5\,\mathrm{mm}^2$
재료 수량	4 m	4 m

실습 과제 3 굵은 단선의 접속

■ 요구 사항

1. 비닐 절연 전선이 서로 접속될 때 전선과 전선 사이의 간격이 생기지 않도록 한다.
2. 접속된 두 전선을 당겼을 때 접속 부분이 흔들리거나 움직이지 않도록 견고하게 접속한다.

[굵은 단선의 직선 접속]

[굵은 단선의 분기 접속]

■ 재료 목록

필요 재료	비닐 절연 전선	나동선
재료 규격	단선 $10\,\text{mm}^2$	$1\,\text{mm}$
재료 수량	$2\,\text{m}$	$1.5\,\text{m}$

| 실습 과제 4 | 연선의 접속 |

■ 요구 사항

1. 비닐 절연 전선이 서로 접속될 때 전선과 전선 사이의 간격이 생기지 않도록 한다.

2. 접속된 두 전선을 당겼을 때 접속 부분이 흔들리거나 움직이지 않도록 견고하게 접속한다.

[연선의 직선 접속]

[연선의 분기 접속]

[연선의 분할 분기 접속]

■ 재료 목록

필요 재료	비닐 절연 전선	비닐 절연 전선	비닐 절연 전선
재료 규격	연선 4.0 mm^2	연선 6.0 mm^2	연선 10 mm^2
재료 수량	2 m	1.5 m	1.5 m

실습 과제 5	단선의 종단 접속

■ 요구 사항

1. 비닐 절연 전선이 서로 접속될 때 전선과 전선 사이의 간격이 생기지 않도록 한다.
2. 접속된 두 전선을 당겼을 때 접속 부분이 흔들리거나 움직이지 않도록 견고하게 접속한다.

[굵기가 같은 단선의 종단 접속]

[굵기가 다른 단선의 종단 접속]

■ 재료 목록

필요 재료	비닐 절연 전선	나동선	절연테이프	와이어커넥터
재료 규격	단선 $2.5\,mm^2$	단선 $4.0\,mm^2$		
재료 수량	3 m	2 m		

시퀀스제어 실기/실습

CHAPTER

02

시퀀스 제어

1 ● 시퀀스 제어의 개요 및 주요 기기

1-1 시퀀스 제어의 정의

미리 정해 놓은 목표값에 부합되도록 정해진 순서에 따라 제어 대상물을 작동시키는 것을 말한다. 시퀀스 제어에는 반도체 소자를 이용한 무접점 제어 방식과 계전기를 사용한 유접점 제어 방식으로 구분할 수 있다.

1-2 시퀀스 제어의 필요성

일반적으로 산업현장에서의 제어 방식은 시퀀스 제어와 PLC 제어를 병행하여 생산 시스템이 구축되어 있다. 이러한 제어 방식으로 인해 작업자의 안전과 생산율이 향상되며 다음과 같은 효과적인 이점이 있다.

① 작업자의 위험 방지 및 작업 환경 개선
② 불량품 감소로 인한 제품의 신뢰도 증가
③ 생산 속도 증가
④ 인건비 절감
⑤ 생산 설비 수명 연장

1-3 시퀀스 제어의 구성

시퀀스의 구성은 입력부, 제어부, 출력부로 구분할 수 있다. 입력부는 수동 버튼이나 자동 센서 등으로 수동과 자동으로 구분할 수 있다. 제어부는 입력 신호를 이용하여 동작을 구현할 수 있는 부분이며, 출력부는 동작 상태를 사용자에게 알리는 표시부와 전동기 및 각종 실린더 등의 구동부로 구분할 수 있다.

▣1 시퀀스 제어계의 기본 구성

① 조작부 : 입력 스위치를 사용자가 조작할 수 있는 곳
② 검출부 : 정해진 조건을 검출하여 제어부에 검출하여 제어부에 신호를 보내는 부분
③ 제어부 : 전자 릴레이, 전자 접촉기, 타이머, 카운터 등으로 구성
④ 구동부 : 전동기, 실린더 및 솔레노이드 등으로 실제 동작을 행하는 부분
⑤ 표시부 : 표시 램프로 제어의 진행 상태를 나타내는 부분

[시퀀스 제어의 기본 구성]

1-4 기능에 대한 제어의 용어

• 동작 : 어떤 입력에 의하여 소정의 작동을 하도록 하는 것
• 복귀 : 동작 이전의 상태로 되돌리는 것
• 개로 : 전기 회로에서 스위치나 계전기 등을 이용하여 여는 것
• 폐로 : 전기 회로에서 스위치나 계전기 등을 이용하여 닫는 것
• 여자 : 각종 전자 릴레이, 전자 접촉기, 타이머 등의 코일에 전류가 흘러 전자석으로 되는 것
• 소자 : 여자의 반대로 코일에 전류를 차단하여 자력을 잃게 만드는 것
• 기동 : 기계 장치가 정지 상태에서 운전 상태로 되기까지의 과정
• 운전 : 기계 장치가 동작을 하고 있는 상태
• 정지 : 기계 장치의 동작 상태에서 정지 상태로 하는 것
• 제동 : 기계 장치의 운전 상태를 억제하는 것
• 인칭 : 기계 장치의 순간 동작 운동을 얻기 위해 미소 시간의 조작을 1회 반복하는 것
• 조작 : 인력 또는 기타의 방법으로 소정의 운전을 하도록 하는 것
• 차단 : 개폐 기류의 전기 회로를 열어 전류가 통하지 않도록 하는 것
• 투입 : 개폐 기류의 전기 회로를 닫아 전류가 통하도록 하는 것

- 조정 : 양 또는 상태를 일정하게 유지하거나 일정한 기준에 따라 변화시켜 주는 것
- 연동 : 복수의 동작을 관련시키는 것으로 어떤 조건이 갖추어졌을 때 동작을 진행하는 것
- 인터로크 : 복수의 동작을 관여시켜 어떤 조건이 갖추기까지의 동작을 정지시키는 것
- 보호 : 피제어 대상의 이상 상태를 검출하여 기기의 손상을 막아 피해를 줄이는 것
- 경보 : 제어 대상의 고장 또는 위험 상태를 램프, 버저, 벨 등으로 표시하여 조작자에게 알리는 것
- 트리핑 : 유지 기구를 분리하여 개폐기 등을 개로하는 것
- 자유 트리핑 : 차단기 등의 투입 조작 중에도 트리핑 신호가 가해져 트립되는 것

2 — 입력 및 구동 기기

2-1 접점의 종류

접점(contact)이란 회로를 접속하거나 차단하는 것으로 a 접점, b 접점, c 접점이 있다.

- a 접점(arbeit contact) : 열려 있는 접점
- b 접점(break contact) : 닫혀 있는 접점
- c 접점(change-over contact) : 전환 접점

항목		a 접점		b 접점		참고
		횡서	종서	횡서	종서	
수동 조작 접점	수동 복귀					단로 스위치
	자동 복귀					푸시 버튼 스위치
릴레이 접점	수동 복귀					열동 계전기 트립 접점
	자동 복귀					일반 계질기 순시 접점
타이머 접점	한시 동작					ON 타이머
	한시 복귀					OFF 타이머
기계적 접점						리밋 스위치

[접점 기호]

2-2 조작용 스위치

1 푸시 버튼 스위치

푸시 버튼 스위치(push button switch)는 제어용 스위치로 스위치의 접점은 a접점과 b접점이 연동 동작된다. 평상시에는 다음 [그림 (a)]와 같이 가동 접점과 NC(normal close)의 고정 접점은 닫혀 있으며 NO(normal open)의 고정 접점은 열려 있다. 푸시 버튼 스위치는 1a1b에서 4a4b까지 사용되고 버튼을 누르고 있는 동안만 접점이 개폐되며 손을 떼면 스위치 내부에 있는 스프링의 힘으로 복귀된다.

NC : normal close

NO : normal open

[푸시 버튼 스위치]

[푸시 버튼 스위치]

일반적으로 기동용으로 녹색, 정지용으로 적색을 사용하여 스위치의 색상에 따라 기능이 구별된다.

2 조광형 푸시 버튼 스위치

조광형 푸시 버튼 스위치는 램프와 스위치의 기능을 가지고 있는 스위치를 조광형 푸시 버튼 스위치라고 한다.

[조광형 푸시 버튼 스위치]

3 로터리 스위치

로터리 스위치는 감도 전환이나 주파수의 선택 등 측정하기에 편리하며 접점부의 회전 작동에 의하여 접점을 변환하는 스위치이다.

[로터리 스위치]

4 절환용 스위치

절환용 스위치는 슬라이드 스위치의 일종으로 사용 전압에 적당한 전압을 절환하는 유지형 스위치이다.

[절환용 스위치]

5 캠 스위치

캠 스위치는 주로 전류계 및 전압계의 절환용으로 이용되고 캠과 접점으로 구성된다. 플러그로서 여러 단수를 연결하여 드럼 스위치보다 이용도가 많으며 소형이다.

[캠 스위치]

6 실렉터 스위치

실렉터 스위치는 상태를 유지하는 유지형 스위치로 조작을 가하면 반대 조작이 있을 때까지 조작 접점 상태를 유지한다. 운전과 정지, 자동과 수동 등과 같이 조작 방법의 절환 스위치로 사용되고 있다.

[실렉터 스위치]

7 비상 스위치

비상 스위치는 회로를 긴급히 차단할 때 사용하는 돌출형 스위치로서, 눌려져 차단이 유지되고, 우측으로 돌려 복귀시킨다.

8 풋 스위치

풋 스위치는 일반적으로 전동 재봉틀이나 산업용 프레스 등에 널리 사용되고 있으며, 작업자가 양손으로 작업하여 기계 장치의 운전 및 정지 등을 조작하기 위하여 발로 조작할 수 있는 스위치이다.

전자 계전기(electromagnetic)

1 계전기(relay)

계전기는 코일에 전류를 흘리면 자석이 되는 전자석의 성질을 이용한 것이다. 다음 [그림 (b)]와 같이 스위치를 달아 전류를 흘리면 전자석이 되어 코일의 전기 흐름에 따라서 전자력을 갖는 여자와 전자력을 잃는 소자 상태에 의해 회로를 ON/OFF시키는 원리이다. 대부분의 계전기는 이러한 원리를 이용하여 접점(가동 철편)을 열거나 닫는 역할을 한다.

(a) 외관　　　　　　　　　　(b) 전자 계전기의 원리

[릴레이]

계전기는 제어 회로에서 보조 계전기의 역할로 사용되고 8핀(2c), 11핀(3c), 14핀(4c)이 있으며, 소켓을 사용하여 배선하고 소켓은 가운데 홈 방향이 아래로 오도록 고정한다.

(a) 8핀 릴레이　　　　　　(b) 11핀 릴레이　　　　　　(c) 14핀 릴레이

[릴레이 종류별 내부 접속도]

2 타이머(timer)

타이머는 임의의 시간차를 두어 접점을 개폐할 수 있는 한시 계전기로 일반적으로 내부에 순시 a 접점, 한시 a 접점 및 한시 b 접점으로 구성되며, 베이스에 꽂아 베이스의 단자를 통해 외부 회로와 결선한다.

(a) 외관

(b) 내부 결선도

(c) 동작도

[타이머]

타이머 접점의 위치나 번호 등은 제품 또는 제조 회사에 따라 차이가 있으므로 사용 시 각 접점의 단자 번호를 잘 선별하여 사용하여야 한다.

타이머는 한시 접점의 동작 상태에 따라 한시 동작 순시 복귀형(on delay timer), 순시 동작 한시 복귀형(off delay timer) 및 한시 동작 한시 복귀형(on off delay timer)으로 구분한다.

(1) 한시 동작 순시 복귀 타이머(on delay timer)

타이머의 전자 코일에 전류가 유입되어 여자되면 타이머의 순시 접점은 즉시 동작되고 한시 접점은 설정 시간 후에 동작되며, 동작 중 전자 코일에 유입되던 전류가 차단되면 타이머의 순시 접점과 한시 접점은 동시에 복귀된다.

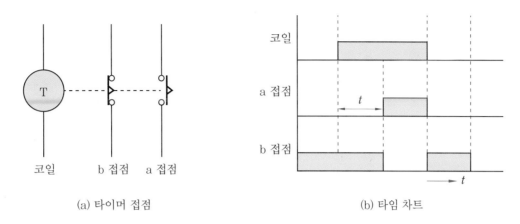

(a) 타이머 접점   (b) 타임 차트

[한시 동작 순시 복귀 타이머]

(2) 순시 동작 한시 복귀 타이머(off delay timer)

타이머의 전자 코일에 유입되어 여자되면 타이머의 순시 접점과 한시 접점은 즉시 동작되며, 동작 중 전자 코일에 유입되던 전류가 차단되면 타이머의 순시 접점은 즉시 복귀되고 한시 접점은 설정 시간 후에 복귀된다.

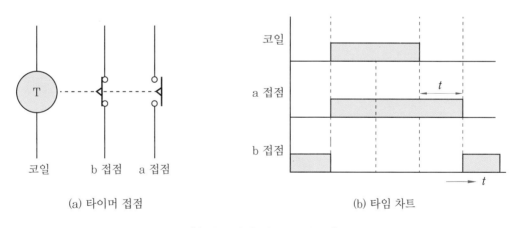

(a) 타이머 접점   (b) 타임 차트

[순시 동작 한시 복귀 타이머]

(3) 한시 동작 한시 복귀 타이머(on off delay timer)

타이머의 전자 코일에 전류가 유입되어 여자되면 타이머의 순시 접점은 즉시 동작되고 한시 접점은 설정 시간 후에 동작되며, 동작 중 전자 코일에 유입되던 전류가 차단되면 타이머의 순시 접점은 즉시 복귀되고 한시 접점은 설정 시간 후에 복귀된다.

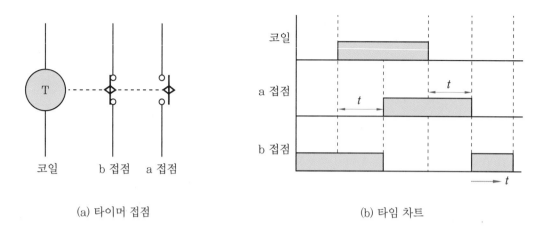

(a) 타이머 접점   (b) 타임 차트

[한시 동작 한시 복귀 타이머]

타이머는 일정 시간 동작 회로, 지연 시간 동작 회로, 반복 동작 회로, 지연 복귀 동작 회로 등의 구성에 사용된다.

3 플리커 릴레이(flicker relay)

플리커 릴레이의 2번과 7번에 전원이 투입되면 a 접점과 b 접점이 교대로 점멸되며 점멸 시간을 사용자가 조절할 수 있고, 주로 경보 신호용 및 교대 점멸 등에 사용된다. 일반적으로 1번과 3번의 순시 접점이 없는 경우가 많으며 a 접점은 8번과 6번, b 접점은 8번과 5번이 사용된다.

(a) 외관   (b) 내부 결선도

[플리커 릴레이]

4 카운터(counter)

생산 수량 및 길이 등 숫자를 셀 때 사용하는 용도로 카운터(counter)는 가산(up), 감산(down), 가·감산(up down)용이 있으며 입력 신호가 들어오면 출력으로 수치를 표시한다. 카운터 내부 회로 입력이 되는 펄스 신호를 가하는 것을 세트(set), 취소 및 복귀 신호에 해당되는 것을 리셋(reset)이라고 한다. 계수 방식에 따라서 수를 적산하여 그 결과를 표시하는 적산 카운터와 처음부터 설정한 수와 입력한 수를 비교하여 같을 때 출력 신호를 내는 프리 세트 카운터(free set counter)가 있으며, 출력 방법으로는 계수식과 디지털식이 있다.

(a) 외관　　　　　　　　　(b) 내부 결선도

[카운터]

5 플로트리스 스위치(floatless switch)

플로트리스 계전기라고도 하며, 공장 등에 각종 액면 제어, 농업용수, 정수장 및 가정의 상하수도에 다목적으로 사용된다. 소형 경량화되어 설치가 편리하며 입력 전압은 주로 220V이고 전극 전압(2차 전압)은 8V로 동작된다. 종류로는 압력식, 전극식, 전자식 등이 있으며 베이스에 삽입하여 사용하도록 8핀과 11핀 등이 있다.

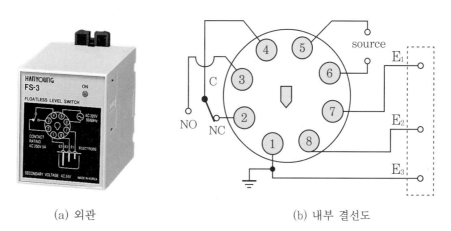

(a) 외관　　　　　　　　　(b) 내부 결선도

[플로트리스 스위치]

[FLS 8핀 급수 회로 결선도]

[FLS 11핀 배수 회로 결선도]

6 온도 릴레이(temperature relay)

온도 변화에 대해 전기적 특성이 변화하는 서미스터, 백금 등의 저항이 변화하거나 열기전력을 일으키는 열전쌍 등을 이용하여 그 변화에서 미리 설정된 온도를 검출하여 동작하는 계전기이다.

(a) 외관   (b) 내부 결선도

[온도 릴레이]

7 SR 릴레이(set-reset relay)

SR 릴레이는 set, reset시킬 수 있는 릴레이이다. 2개의 c 접점 구조의 릴레이와 정류 회로로 구성되어 있다.

(a) 외관   (b) 내부 결선도

[SR 릴레이]

c 접점 구조의 릴레이는 set 코일의 전압에 의한 신호가 가해지면 set되고 전원을 off하여도 reset을 시키지 않으며 스스로 복귀하지 않는 유지형 계전기이다. 정류 회로는 소용량 직류 전원(12V, 24V)을 자체적으로 공급할 수 있는 구조로서, 자체에 부착되어 있는 LED로 동작 상태를 확인할 수 있으며, 퓨즈가 내장되어 과부하나 잘못된 결선으로부터 기기를 보호할 수 있다.

8 파워 릴레이(power relay)

파워 릴레이는 전자 접촉기 대신 전력 회로의 개폐가 가능하도록 제작된 것으로 릴레이와 같이 일체형으로 취급이 간단하다.

(a) 외관   (b) 내부 결선도

[파워 릴레이]

2-4 전자 접촉기(electromagnetic contactor)

전자 접촉기는 부하 전류를 개폐할 수 있도록 접점 개폐 용량이 크고 전자 계전기는 접점의 개폐 용량이 작아 큰 부하 전류를 개폐할 수 없다. 회로를 빈번하게 개폐하는 유접점 시퀀스 제어 회로에서 전력용 제어 기기로 사용된다.

전자 접촉기의 접점은 주 접점과 보조 접점으로 구성되어 있으며, 주 접점은 큰 전류가 흘러도 안전한 전류 용량이 큰 접점으로 부하 전류를 개폐하는 용도로 사용되며 보조 접점은 적은 전류 용량의 접점으로 제어용 소전류를 개폐하는 용도로 사용된다.

전자 접촉기의 전자 코일에 전류가 흐르면 주 접점과 보조 접점이 동시에 동작된다. 일

반적으로 전자 접촉기는 3개의 주 접점과 몇 개의 보조 접점으로 구성되는데 접점의 수에
따라 4a1b, 5a2b 등으로 구분된다.

(a) 외관   (b) 내부 결선도

[전자 접촉기]

1 전자 개폐기

전자 개폐기는 전자 접촉기에 전동기 보호 장치인 열동형 과전류 계전기를 조합한 주회
로용 개폐기이다. 전자 개폐기는 전동기 회로를 개폐하는 것을 목적으로 사용되며, 정격
전류 이상의 전류가 흐르면 자동으로 차단하여 전동기를 보호할 수 있다.

(a) 외관   (b) 내부 결선도

[전자 개폐기]

2 과전류 계전기

(1) 열동형 과전류 계전기(THR : thermal heater relay)

열동형 과전류 계전기는 저항 발열체와 바이메탈을 조합한 열동 소자와 접점부로 구성되어 있다. 열동 소자는 주 회로에 접속하고 과전류 계전기의 접점은 제어 회로의 조건 접점으로 사용된다. 열동형 과전류 계전기의 트립 동작 확인은 통전 중 트립 체크 막대를 눌러 트립 발생을 확인하여, 트립 발생 후 다시 원상태로 복귀시키려면 복귀 단추를 눌러 주어야 한다. 열동형 과전류 계전기의 동작 전류값을 조정 노브를 이용하여 조정할 수 있으며, 보통 정격의 80~125%로 조정할 수 있다.

(a) 외관   (b) 내부 결선도

[열동형 과전류 계전기(THR)]

(2) 전자식 과전류 계전기(EOCR : electronic over current relay)

전자식 과전류 계전기는 열동식 과전류 계전기에 비해 동작이 확실하고 과전류에 의한 결상 및 단상 운전이 완벽하게 방지된다. 전류 조정 노브와 램프에 의해 실제 부하 전류의 확인과 조정이 가능하고 지연 시간과 동작 시간이 서로 독립되어 있으므로 동작 시간의 선택에 따라 완벽한 보호가 가능하다.

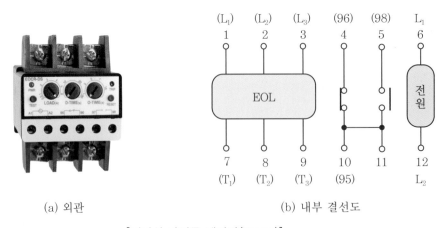

(a) 외관   (b) 내부 결선도

[전자식 과전류 계전기(EOCR)]

2-5 차단기 및 퓨즈

1 차단기

(1) 배선용 차단기

　배선용 차단기는 일반적으로 NFB의 명칭으로 호칭된다. 교류 1000V 이하, 직류 1500V 이하의 저압 옥내 전압의 보호에 사용되는 몰드 케이스 차단기를 말하며, 과부하 및 단락 보호를 겸한다.

(a) 외관

단상 2P　　삼상 3P

(b) 기호

[배선용 차단기]

(2) 누전 차단기

(a) 외관

(b) 내부 결선도

[누전 차단기]

누전 차단기는 교류 1000V 이하 전로의 누전에 의한 감전사고를 방지하기 위하여 사용되는 기기로 과부하 및 단락 등의 상태나 누전이 발생할 때 자동적으로 전류를 차단한다.

2 퓨즈(fuse)

퓨즈는 열에 녹기 쉬운 납이나 가용체로 되어 있으며, 과전류 및 단락 전류가 흘렀을 때 퓨즈가 용단되어 회로를 차단시켜 주는 역할을 한다. 퓨즈의 종류는 포장형과 비포장형으로 구분된다.

[퓨즈]

(1) 플러그 퓨즈

자동 제어의 배전반용으로 많이 사용되고 있으며 정격 전류는 색상에 의해 구분된다.

(a) 외관   (b) 내부 구조

[플러그 퓨즈]

[정격 전류에 따른 색 표시]

정격 전류[A]	색 표시	정격 전류[A]	색 표시
6	녹색	35	흑색
10	적색	50	백색
16	회색	63	갈색
20	청색	80	은색
25	황색	100	적색

3 단자대

단자대는 컨트롤반과 조작반의 연결 등에 배선 수와 정격 전류를 감안하여 사용한다. 일반적인 단자대 종류는 고정식과 조립식이 있다.

(a) 고정식 단자대   (b) 조립식 단자대   (c) 단자대 레일

[단자대(TB)]

(1) 배선 도체의 상별 색상(3상 교류)

① 제1상 : L_1 : 갈색

② 제2상 : L_2 : 흑색

③ 제3상 : L_3 : 회색

④ 제4상 : PE : 녹색/황색

(2) 터미널에 3상 교류 회로를 배치할 경우 전선 배치

① 상하 배치 : 위부터 제1상, 제2상, 제3상, 접지

② 좌우 배치 : 왼쪽부터 접지, 제1상, 제2상, 제3상

③ 원근 배치 : 가까운 곳부터 접지, 제1상, 제2상, 제3상

2-6 표시 및 경보용 기구

시퀀스 제어 회로의 운전 및 정지 상태와 고장 또는 위험한 상태를 알려주는 표시 경보용 기기로서 램프, 버저, 벨 등이 있다.

1 램프

(1) 표시등

표시등은 기기의 동작 상태를 제어반, 감시반 등에 표시하는 것으로 파일럿 램프(pilot lamp)라고 하며, 램프에 커버를 부착하여 커버의 색상에 따라 전원 표시등, 고장 표시등으로 구분한다.

	WL : 전원	
	RL : 운전	
	GL : 정지	
	OL : 경보	
	YL : 고장	

(a) 외관   (b) 표시 기호 및 약호   (c) 단자 구조

[표시등]

(2) 파일럿 램프의 색상 표시

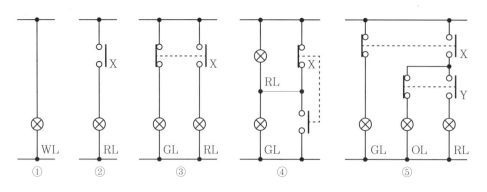

①   ②   ③   ④   ⑤

※ WL : 백색 램프   RL : 적색 램프   GL : 녹색 램프
    OL : 황적색 램프   X : 계전기 접점   Y : 계전기 램프

[표시등의 색상 표시]

① 전원 표시등 : WL(white lamp ; 백색) : 제어반 최상부의 중앙에 설치

② 운전 표시등 : RL(rad lamp ; 적색) : 운전 중임을 표시

③ 정지 표시등 : GL(green lamp ; 녹색) : 정지 중임을 표시

④ 경보 표시등 : OL(orange lamp ; 황적색) : 경보를 표시

⑤ 고장 표시등 : YL(yellow lamp ; 황색) : 시스템이 고장임을 표시

2 경보용 기구

경보용 기구는 시퀀스 제어 장치에 고장이나 이상이 발생할 때 그 발생을 알리는 역할을 한다.

(1) 벨, 버저

버저의 외관 표시 기호 단자 구조를 나타낸 것이다.

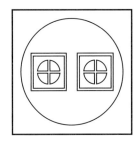

(a) 외관   (b) 표시 기호   (c) 단자 구조

[버저]

3 ● 시퀀스 기본 제어 회로

일반적으로 전개 접속도를 시퀀스도라고 하며, 이는 제어 동작 순서를 알기 쉽도록 기구, 기기, 장치 등의 접속을 전기용 심벌을 사용하여 나타낸 도면이다. 이러한 시퀀스도는 가로로 표현하는 방법과 세로로 표현하는 방법이 있다.

실체 배선도는 부품의 배치, 배선 상태 등을 실제 구성에 맞추어 배선의 접속 관계를 그린 배선도이다. 실제로 장치를 제작하거나 보수 및 점검할 때에 배선 상태를 정확히 확인할 수 있다.

3-1   누름 버튼 스위치를 이용한 기본 회로

1 누름 버튼 스위치(PBS) 직렬 회로

동작 설명

PBS_1과 PBS_2를 동시에 누르는 동안 램프는 점등된다.

(1) 회로도

(2) 실체 배선도

(3) 타임차트

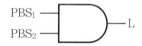

(4) 논리회로

PBS$_1$ ─┐
         ╲
)── L
PBS$_2$ ─┘

2 누름 버튼 스위치(PBS) 병렬 회로

동작 설명

① PBS$_1$을 누르면 램프는 점등된다.

② PBS$_2$를 누르면 램프는 점등된다.

③ PBS$_1$과 PBS$_2$를 동시에 누르면 램프는 점등된다.

(1) 회로도

(2) 실체 배선도

(3) 타임차트

(4) 논리회로

3 누름 버튼 스위치 직 · 병렬 회로

동작 설명

① PBS$_1$을 누르면 램프는 점등된다.

② PBS$_2$를 누르면 램프는 점등된다.

③ PBS$_1$ 또는 PBS$_2$를 누르는 동안 PBS$_3$를 누르면 램프는 소등된다.

(1) 회로도

(2) 실체 배선도

(3) 타임차트

(4) 논리회로

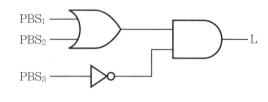

3-2 자기 유지 회로

자동 제어를 수행하기 위해서는 일반적으로 복귀형 푸시 버튼 스위치를 이용하여 시퀀스 제어 회로를 구성한다. 복귀형 스위치는 압력을 가하지 않으면 초기의 상태로 복귀하므로 상태를 계속 유지하기 위하여 사용하는 회로가 자기 유지 회로라고 하며 기억 회로라고도 한다. 자기 유지 회로는 OFF 우선 회로와 ON 우선 회로로 구분한다.

1 자기 유지 기본 회로

동작 설명

① PBS₁을 눌러 전원을 공급하였을 때 코일 X는 여자되어 a 접점이 닫힌다.

② 입력 PBS₁을 off하여도 회로는 a 접점을 통하여 X의 코일은 계속 여자된다.

③ X코일이 계속 여자되어 있는 상태에서 소자되도록 하려면 자기 유지 접점을 통하여 릴레이에 공급하는 전원을 차단시켜야 한다. 즉 입력을 상실하도록 해야 한다.

(1) 회로도

(2) 실체 배선도

(3) 타임차트

(4) 논리회로

2 ON 우선 동작 회로

다음 그림은 입력의 차단 방법을 말하는 것이며, 누름 버튼 스위치 PBS_1과 PBS_2를 동시에 누르면 릴레이가 여자되어 동작하는 회로이다.

동작 설명

PBS_1과 PBS_2를 동시에 눌렀을 때 누름 버튼 스위치 PBS_1에 의하여 회로가 연결되어 릴레이 X가 여자되므로 ON이 우선인 회로라고 한다.

(1) 회로도

(2) 실체 배선도

(3) 타임차트

(4) 논리회로

3 OFF 우선 동작 회로

다음 그림은 입력의 차단 방법 중 하나이며, 누름 버튼 스위치 PBS_1과 PBS_2를 동시에 누르면 PBS_2에 의해서 회로가 차단되는(b접점 입력이 열리면 릴레이 동작이 정지되는) 회로이다.

동작 설명

PBS_1과 PBS_2를 동시에 눌렀을 때 누름 버튼 스위치 PBS_2에 의하여 회로가 차단되므로 릴레이 X는 여자되지 않는다.

(1) 회로도

(2) 실체 배선도

(3) 타임차트

(4) 논리회로

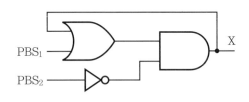

4 2중 코일 회로

다음 그림은 큰 전류가 흘러서 릴레이의 접점을 동작시키는 동작 코일 X_1과 동작 후 작은 전류로 동작 상태를 유지시키는 유지 코일 X_2를 가지고 있으며, 각각의 동작 상태를 이용하여 자기유지시키는 회로이다.

동작 설명

① PBS_1을 누르면 코일 X_1이 여자되어 릴레이 X_1의 a 접점이 닫히고, PBS_2의 b 접점과 X_1 접점을 통하여 회로가 구성되어 코일 X_2도 여자된다.

② PBS_1에서 손을 떼었을 때 동작 코일 X_1은 소자되어 동작이 정지되고, 코일 X_2는 계속 자기유지된다.

③ PBS_2를 눌렀을 때 유지 회로도 차단되고 X_2가 소자되어 모든 동작이 중지된다.

(1) 회로도

(2) 실체 배선도

(3) 타임차트

(4) 논리회로

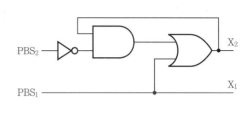

5 쌍안정 회로

다음 그림과 같이 기계적 접점인 유지형 접점을 사용한 릴레이로서 작동 코일과 복귀 코일 2개의 코일이 있으며, 접점은 기계적으로 유지되고, 단일 접점은 한 방향에서 다른 쪽으로 이동시키는 일을 한다.

동작 설명

① PBS_1을 눌러 전원을 공급하였을 때 릴레이 코일 X_1이 여자되고, PBS_1을 제거해도 그 상태를 계속 유지한다.

② PBS_2를 누르면 릴레이 코일 a 접점 X_1이 닫혀 있는 상태이므로 릴레이 코일 X_2가 여자되고 X_2의 b 접점에 의해 X_1이 소자되며, X_1의 a 접점에 의해 X_2도 소자된다.

(1) 회로도

(2) 실체 배선도

(3) 타임차트

(4) 논리회로

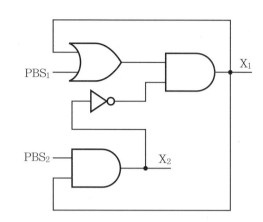

3-3   2개소 기동 · 정지 회로

별개의 2개소에서 각각 계전기 코일 X를 여자 및 소자시킬 수 있는 제어 회로로서 기동용 버튼 스위치는 병렬로 연결하고 정지용 버튼 스위치는 직렬로 연결하여 구성한다.

■1 OFF 우선 회로의 2개소 기동 · 정지 회로

동작 설명

① PBS$_1$ 또는 별개의 개소 PB$_2$를 누르면 릴레이 코일 X가 여자 및 자기 유지된다.
② PBS$_3$ 또는 PBS$_4$를 누르면 X는 소자된다.

(1) 회로도

(2) 실체 배선도

(3) 타임차트

(4) 논리회로

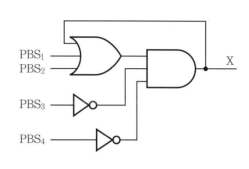

2 ON 우선 회로의 2개소 기동·정지 회로

동작 설명

PBS$_1$을 눌러 전원을 공급하였을 때 릴레이 코일 X$_1$이 여자되고, PBS$_1$을 제거해도 그 상태를 계속 유지한다.

(1) 회로도

(2) 실체 배선도

(3) 타임차트

(4) 논리회로

기동 및 정지용 버튼 스위치에 의한 계전기 코일의 여자와 소자 동작을 얻는 것 이외에 기계의 미소 시간의 순간 동작을 얻기 위해 인칭용 버튼 스위치를 누르는 동안에만 계전기가 여자되어 동작하는 회로이며 촌동 회로라고도 한다.

■ OFF 우선 인칭 회로

동작 설명

① PBS$_1$을 누르면 X는 여자되고 자기 유지가 구성된다.

② PBS$_2$를 누르면 계전기 코일 X는 소자된다.

③ PBS$_3$를 누르면 누르는 동안만 계전기 코일 X가 여자되고 PBS$_3$에서 손을 떼면 계전기 코일 X가 소자되어 정지한다.

(1) 회로도

(2) 실체 배선도

(3) 타임차트

(4) 논리회로

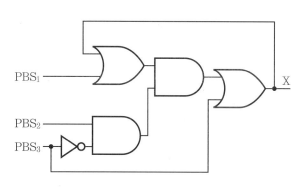

2 ON 우선 인칭 회로

동작 설명

① PBS_1을 누르는 동안 X는 여자된다.

② PBS_2를 누르면 X는 여자되고 자기 유지가 구성된다.

③ PBS_3를 누르면 X은 소자된다.

(1) 회로도

(2) 실체 배선도

(3) 타임차트

(4) 논리회로

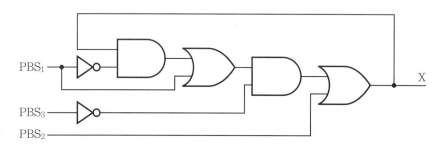

3-5 우선 회로(인터로크 회로)

2개의 입력 중 먼저 동작시킨 쪽의 회로가 우선적으로 동작하며, 다른 쪽에 입력 신호가 들어오더라도 동작하지 않는 회로로 주로 전동기의 정·역 회로에서 회로 보호용으로 사용되며 인터로크 회로라고 한다.

1 선행 우선 회로

여러 개의 입력 신호 중 제일 먼저 들어오는 신호에 의해 동작하고 늦게 들어오는 신호는 동작하지 않는 회로를 선행 우선 회로라 한다.

동작 설명

① PBS_1을 누르면 릴레이 코일 X_1이 동작한다. 이때 릴레이 코일 X_1의 b 접점은 떨어지며, PBS_2를 눌러도 X_2는 동작하지 않는다.

② X_1이 동작하지 않을 때 PBS_2를 누르면 릴레이 코일 X_2 코일이 동작한다. 이때 릴레이 코일 X_2가 동작하면 릴레이 코일 X_2 코일의 b 접점은 떨어지며, PBS_1을 눌러도 릴레이 코일 X_1 코일의 b 접점에서 차단되어 릴레이 코일 X_2는 동작하지 않는다.

(1) 회로도

(2) 실체 배선도

(3) 타임차트

(4) 논리회로

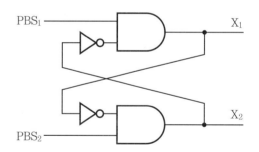

2 우선 동작 순차 회로

여러 개의 입력 조건 중 어느 한 곳의 최소 입력이 부여되면 그 입력이 제거될 때까지는 다른 입력을 받아들이지 않고 그 회로 하나만 동작한다.

동작 설명

PBS_1, PBS_2, PBS_3 중 제일 먼저 누른 스위치에 의해 X_4의 릴레이가 동작한다. 이때 X_4의 b 접점이 각각 회로에 직렬로 연결되어 있어서 다른 푸시 버튼 스위치를 눌러도 릴레이는 동작하지 않는다. 따라서 가장 먼저 누른 신호가 우선이 된다.

(1) 회로도

(2) 실체 배선도

(3) 타임차트

(4) 논리회로

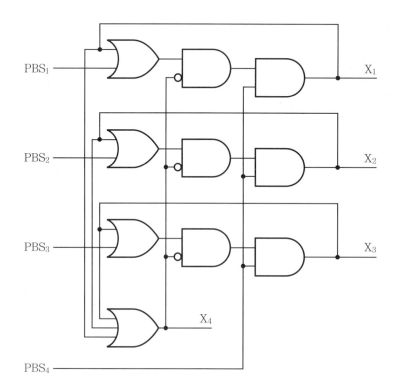

3 순위별 우선 회로

입력 신호에 미리 우선 순위를 정하여 우선 순위가 높은 입력 신호에서 출력을 내는 회로이며, 입력 순위가 낮은 곳에 입력이 부여되어 있어도 입력 순위가 높은 곳에 입력이 부여되면 낮은 쪽을 제거하고 높은 쪽에서만 출력을 낸다.

동작 설명

① PBS_1을 누르면 릴레이 코일 X_1이 동작한다. 릴레이 코일 X_1이 동작하면 릴레이 코일 X_1의 b 접점 X_1을 열어도 릴레이 코일 X_2, 릴레이 코일 X_3, 릴레이 코일 X_4의 회로를 차단한다.

② PBS_2를 누른 후 PBS_1를 눌렀을 때 먼저와 같이 되어 릴레이 코일 X_2는 동작하지 않는다.

③ PBS_2를 누른 후 PBS_1의 입력을 주었을 때도 릴레이 코일 X_2는 동작하지 않는다. 릴레이 코일 X_2가 동작되면 릴레이 코일 X_2의 b 접점 X_2를 열어서 릴레이 코일 X_3, 릴레이 코일 X_4의 회로를 off시킨다. 그러나 입력 PBS_1을 누르면 다시 릴레이 코일 X_1은 동작되고 b 접점 X_1에 의해 릴레이 코일 X_2의 동작은 정지된다.

(1) 회로도

(2) 실체 배선도

(3) 타임차트

(4) 논리회로

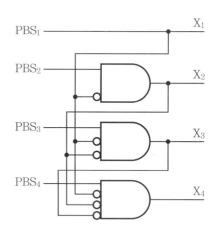

3-6 타이머 회로

타이머는 정해진 설정 시간이 경과한 후에 그 접점이 개로(open) 또는 폐로(close)하는 장치로서 인위적으로 시간 지연을 만들어 내는 한시 계전기를 말한다.

1 지연 동작 회로

동작 설명

① PBS₁을 누르면 타이머 코일 T가 동작을 시작한다. 타이머 코일 T가 동작되면 타이머 순시 a 접점에 의해 자기 유지된다.

② PBS₂를 누르면 타이머의 전원이 차단되며, 타이머의 한시 동작 순시 복귀 접점이 원래의 상태로 돌아온다.

(1) 회로도

(2) 실체 배선도

(3) 타임차트

(4) 논리회로

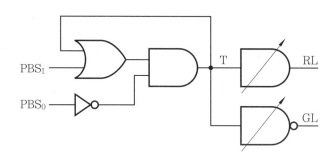

2 순시 동작 한시 복귀 동작 회로

동작 설명

① PBS₁을 누르면 릴레이 코일 X₁이 여자되며 릴레이 a 접점에 의해 자기 유지된다.

② PBS₂를 누르면 릴레이 코일 X₁ 회로가 차단되고 릴레이 X₁의 b 접점이 닫혀서 타이머 코일 T가 동작된다. 설정 시간 후 타이머의 한시 접점 T가 열려서 릴레이 코일 X₂의 전원도 차단시킨다.

(1) 회로도

(2) 실체 배선도

(3) 타임차트

(4) 논리회로

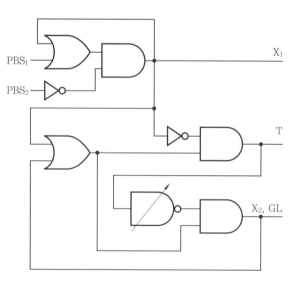

3 지연 동작 한시 복귀 동작 회로

동작 설명

① PBS$_1$을 누르면 T$_1$이 동작하고, t초 후에 릴레이 코일 X$_1$이 동작하여 자기 유지된다.

② 타이머 T$_2$에 의해 t초 후에 릴레이 코일 X가 소자된다.

(1) 회로도

(2) 실체 배선도

(3) 타임차트

(4) 논리회로

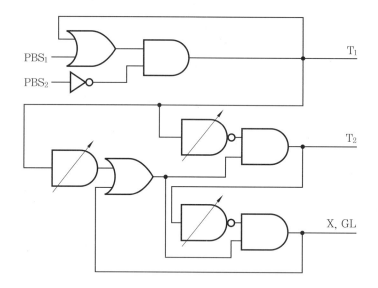

4 지연 간격 동작 회로

입력 신호를 주면 설정 시간이 지난 후부터 출력을 시작하여 일정 시간 동안 출력을 내는 회로이다.

동작 설명

PBS$_1$을 누르면 T$_1$은 자기 유지된다. T$_1$의 t초 후에 T$_2$가 여자되고 GL램프는 점등되며 T$_2$ 타이머의 t초 후에 GL램프는 소등된다. PBS$_2$를 누르면 T$_1$, T$_2$, X는 소자된다.

(1) 회로도

(2) 실체 배선도

(3) 타임차트

(4) 논리회로

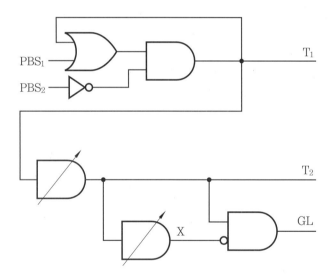

5 주기 동작 회로

입력 신호에 의해서 일정 시간 동안 출력을 유지하다가 출력이 정지되고 출력이 정지된 후 다시 일정 시간이 지나면 다시 출력을 내는 출력의 동작을 반복하는 회로이다.

동작 설명
① PBS$_1$을 누르면 릴레이 X와 T$_1$은 여자되고 릴레이 X에 의해 자기 유지되고 GL램프가 점등된다.
② 타이머 T$_1$의 t초 시간 후 T$_2$는 여자되고 T$_1$이 소자, GL램프가 소등된다.
③ 타이머 T$_2$의 t초 시간 후 T$_2$는 소자되고 다시 T$_1$이 여자되며 처음부터 다시 반복한다.

(1) 회로도

(2) 실체 배선도

(3) 타임차트

(4) 논리회로

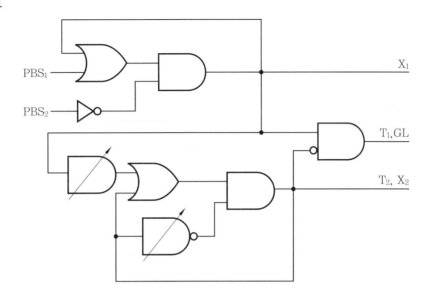

6 동작 검출 회로

입력 신호가 설정된 시간보다 길어질 경우에 작동하는 회로이다.

동작 설명

① PBS$_1$을 누르는 시간이 타이머 설정 시간보다 길어질 경우 릴레이 X는 여자되고 램프 YL은 점등된다.

② PBS$_2$를 누르면 릴레이 X는 소자되고 YL은 소등된다.

(1) 회로도

(2) 실체 배선도

(3) 타임차트

(4) 논리회로

시퀀스제어 실기/실습

CHAPTER

03

논리 회로와
논리 대수

1. 논리 회로
2. 논리 대수

1 ● 논리 회로

모든 시퀀스제어에서는 접점의 상태가 열려있는 것과 닫혀있는 것, 이렇게 두 가지로 구분된다. 이러한 두 가지 신호를 제어의 기본으로 하여 열려있는 것을 0, 닫혀있는 것을 1로 나타낸다.

1 AND 회로

입력 모두가 1일 때에만 출력이 1이 되며, 논리곱 회로라고 한다.

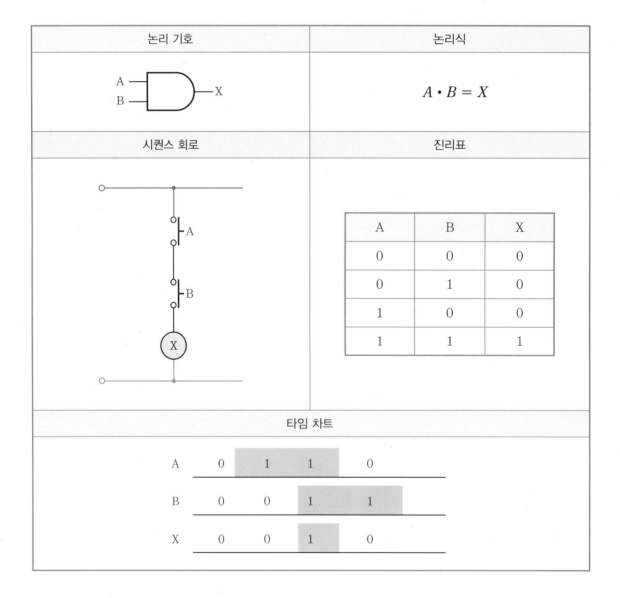

논리 기호	논리식

$$A \cdot B = X$$

시퀀스 회로	진리표

A	B	X
0	0	0
0	1	0
1	0	0
1	1	1

타임 차트

A	0	1	1	0
B	0	0	1	1
X	0	0	1	0

2 OR 회로

입력 중 하나만 1일 때 또는 모두 1일 때 출력이 1이 되며, 논리합 회로라고 한다.

논리 기호	논리식
A B ⟩— X	$A+B = X$

시퀀스 회로	진리표

A	B	X
0	0	0
0	1	1
1	0	1
1	1	1

타임 차트

A	0	1	1	0
B	0	0	1	1
X	0	1	1	1

3 NOT 회로

입력이 1일 때 출력은 0, 입력이 0일 때 출력은 1이며, 부정 회로라고 한다.

논리 기호	논리식
A ———▷○— $\overline{X}$	$A = \overline{X}$

시퀀스 회로	진리표

A	$\overline{X}$
0	1
1	0

타임 차트

4 NAND 회로

AND 회로와 NOT 회로가 조합된 것으로, 논리곱 부정회로라고 한다.

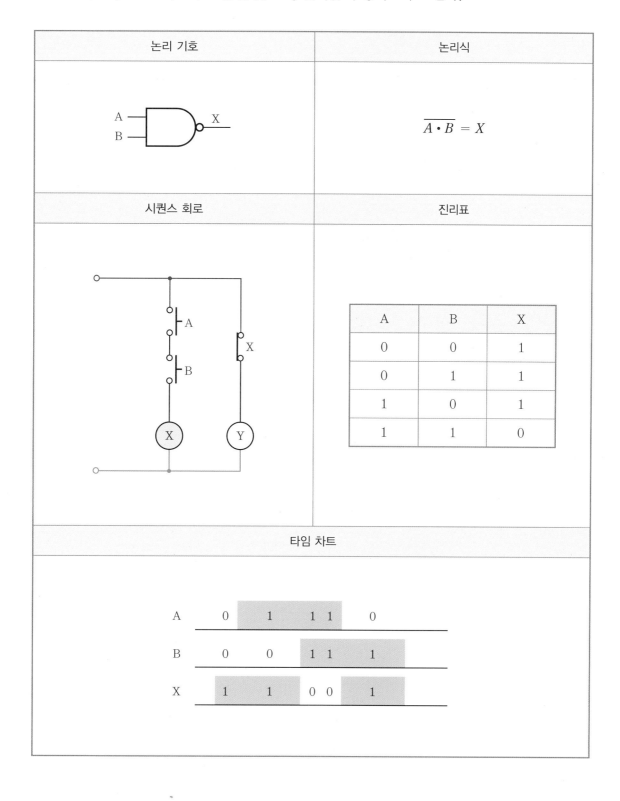

논리 기호	논리식
A, B → X	$\overline{A \cdot B} = X$

시퀀스 회로	진리표

A	B	X
0	0	1
0	1	1
1	0	1
1	1	0

타임 차트

A	0	1	1	1	0
B	0	0	1	1	1
X	1	1	0	0	1

5 NOR 회로

OR 회로와 NOT 회로가 조합된 것으로, 논리합 부정회로라고 한다.

논리 기호	논리식
	$\overline{A+B} = X$

시퀀스 회로	진리표
	(아래 표 참조)

A	B	X
0	0	1
0	1	0
1	0	0
1	1	0

타임 차트

A	0	1	1	0	0
B	0	0	1	1	0
X	1	0	0	0	1

6 EX−OR 회로

EX−OR(XOR) 게이트는 배타적 논리합(Exclusive OR)의 약어로, 입력 A와 B 중에 입력이 서로 다를 때만 출력이 1이 되는 반일치 회로이다.

논리 기호	논리식
	$A \cdot \overline{B} + \overline{A} \cdot B = X$ 또는 $A \oplus B = X$

시퀀스 회로	진리표

A	B	X
0	0	0
0	1	1
1	0	1
1	1	0

타임 차트

7 EX-NOR 회로

EX−NOR(XNOR) 게이트는 배타적 부정 논리합(Exclusive NOR)의 약어로, 입력 A와 B 중에 입력이 서로 같을 때만 출력이 1이 되는 일치회로이다.

논리 기호	논리식
	$A \cdot B + \overline{A} \cdot \overline{B} = X$ 또는 $A \odot B = X$

시퀀스 회로	진리표

<table>
<tr><td rowspan="6"></td></tr>
</table>

A	B	X
0	0	1
0	1	0
1	0	0
1	1	1

타임 차트

A	0	1	1 1		0
B	0	0	1 1	1	
X	1	0	1 1		0

⑧ 온 딜레이 타이머 회로

논리 기호	시퀀스 기호

⑨ 오프 딜레이 타이머 회로

논리 기호	시퀀스 기호

⑩ 온·오프 딜레이 타이머 회로

논리 기호	시퀀스 기호

🔢 회로 논리 회로 변환(금지 회로)

AND 회로의 입력 한쪽에 부정이 들어간 회로이다. B가 1일 때는 절대로 출력이 1이 되지 않는 회로이다.

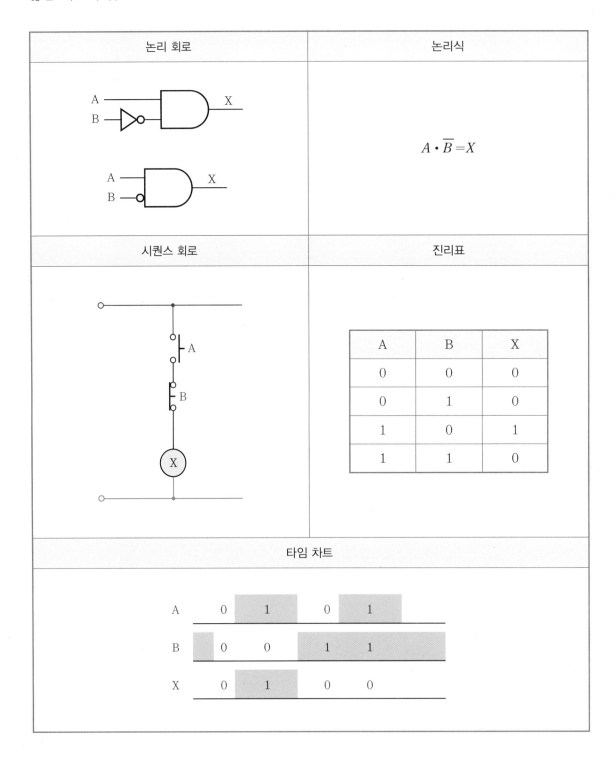

논리 회로	논리식
	$A \cdot \overline{B} = X$

시퀀스 회로	진리표

A	B	X
0	0	0
0	1	0
1	0	1
1	1	0

타임 차트

12 회로 논리 회로 변환(스위치 직병렬 회로)

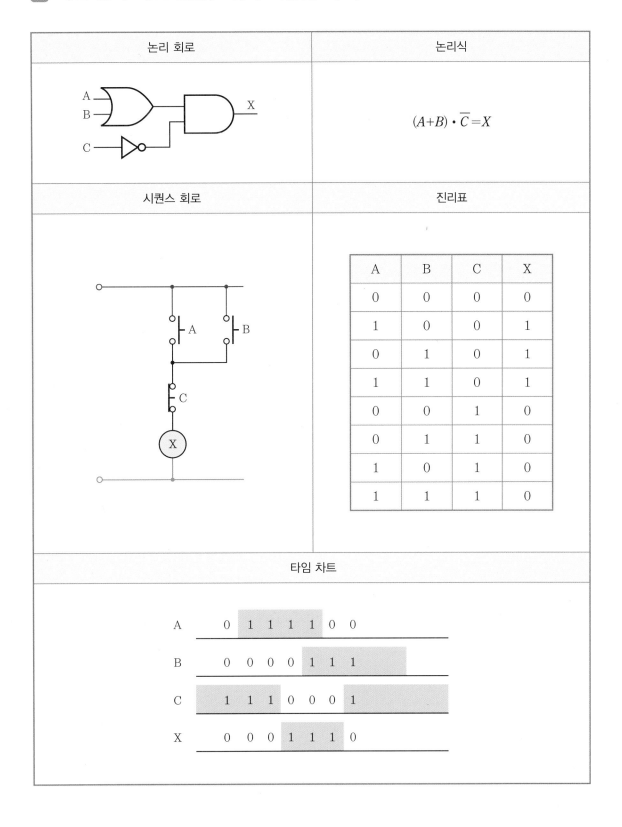

	논리 회로		논리식

$$(A+B) \cdot \overline{C} = X$$

시퀀스 회로	진리표

A	B	C	X
0	0	0	0
1	0	0	1
0	1	0	1
1	1	0	1
0	0	1	0
0	1	1	0
1	0	1	0
1	1	1	0

타임 차트

A 0 1 1 1 1 0 0

B 0 0 0 0 1 1 1

C 1 1 1 0 0 0 1

X 0 0 0 1 1 1 0

13 회로 논리 회로 변환(자기유지 회로)

논리 회로	논리식
	$$(A+B) \cdot \overline{C} = X$$

시퀀스 회로	타임 차트

14 상호 금지 회로(인터로크 회로)

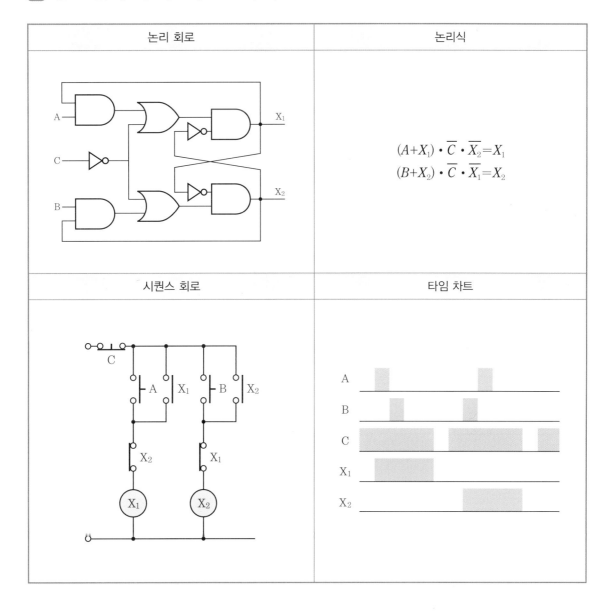

논리 회로	논리식

$$(A+X_1) \cdot \overline{C} \cdot \overline{X_2} = X_1$$
$$(B+X_2) \cdot \overline{C} \cdot \overline{X_1} = X_2$$

시퀀스 회로	타임 차트

15 단안정 회로(일정 시간 동작 회로)

논리 회로	논리식
	$$(A+B) \cdot \overline{T} = X$$

시퀀스 회로	타임 차트

16 쌍안정 회로

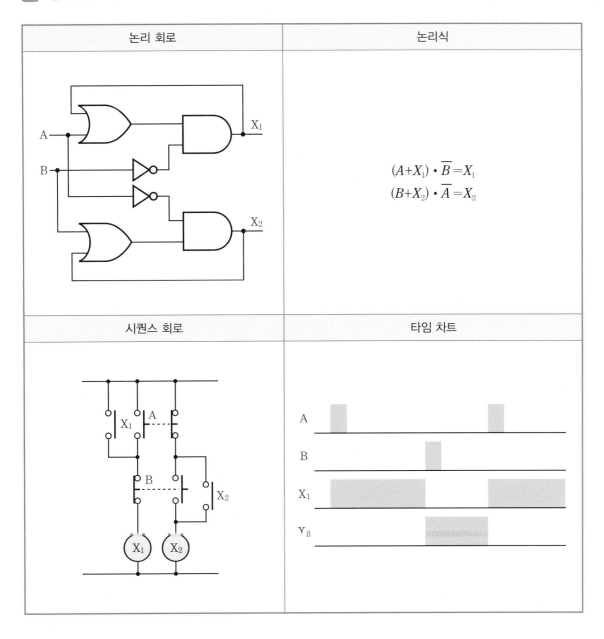

논리 회로	논리식
	$(A+X_1) \cdot \overline{B} = X_1$ $(B+X_2) \cdot \overline{A} = X_2$

시퀀스 회로	타임 차트

2 ● 논리 대수

2-1 논리 대수의 변수

논리 대수의 변수는 "참"과 "거짓"을 나타내는 0과 1, 스위치 회로의 ON과 OFF, 전압의 "H"와 "L" 등의 변수로 사용한다.

2-2 논리 대수의 기본 연산 5가지 공리

(1) 공리 1

  ① $A=0$　　부정　$\overline{A}=1$

  ② $A=1$　　부정　$\overline{A}=0$

(2) 공리 2

  ① $1 \times 1 = 1$: 두 개의 입력 신호를 동시에 주면 출력

  ② $1 + 1 = 1$: 두 개의 입력 신호를 동시에 주면 출력

(3) 공리 3

  ① $0 \times 0 = 0$: 입력 신호 두 개 모두 주지 않으면 출력되지 않음.

  ② $0 + 0 = 0$: 입력 신호 두 개 모두 주지 않으면 출력되지 않음.

(4) 공리 4

  ① $1 \times 0 = 0$: 입력 신호 두 개 동시에 주지 않으면 출력되지 않음.

  ② $1 + 0 = 1$: 입력 신호 하나만 주어도 출력

(5) 공리 5

  ① $A \times \overline{A} = 0$: 항상 출력되지 않음.

  ② $A + \overline{A} = 1$: 항상 출력

논리 대수 기본 법칙의 회로 구성

법칙	논리식	무접점 시퀀스	유접점 시퀀스
교환 법칙	$A \cdot B = B \cdot A$		
	$A + B = B + A$		
결합 법칙	$A \cdot (B \cdot C)$ $= (A \cdot B) \cdot C$		
	$A + (B + C)$ $= (A + B) + C$		
분배 법칙	$A \cdot (B + C)$ $= A \cdot B + A \cdot C$		
	$A + (B \cdot C)$ $= (A + B) \cdot (A + C)$		

법칙	논리식	무접점 시퀀스	유접점 시퀀스
동일 법칙	$A \cdot A = A$		
	$A + A = A$		
흡수 법칙	$(A \cdot \overline{B}) + B$ $= A + B$		
	$(A + \overline{B}) \cdot B$ $= A \cdot B$		
보원 법칙	$A \cdot \overline{A} = 0$	$= 0$	
	$A \cdot \overline{A} = 1$	$= 1$	
	$\overline{\overline{A}} = A$	$= A$	

2-3 논리 대수의 정리

연산 기호와 공리에서 논리 대수의 공리가 유도되며, 이들 정리를 이용하여 실용 회로의 논리적 연산이 가능하게 된다.

논리 대수의 정리

정리	AND	OR
정리 1	$A \cdot 0 = 0$	$A + 0 = A$
정리 2	$A \cdot 1 = A$	$A + 1 = 1$
정리 3	$A \cdot A = A$	$A + A = A$
정리 4	$A \cdot \overline{A} = 0$	$A + \overline{A} = 1$
정리 5	$\overline{\overline{A}} = A$	
정리 6	$A \cdot (A+B) = A$	$A + (A \cdot B) = A$
정리 7	$(A+\overline{B}) \cdot B = A \cdot B$	$(A \cdot \overline{B}) + B = A + B$
정리 8	$(A+B) \cdot (A+\overline{B}) = A$	$A \cdot B + A \cdot \overline{B} = A$
정리 9	$(A+B) \cdot (\overline{A}+B+C) = (A+B) \cdot (B+C)$	$A \cdot B + \overline{A} \cdot B \cdot C = A \cdot B + B \cdot C$
정리 10	$(A+B) \cdot (\overline{A}+C) = A \cdot C + \overline{A} \cdot B$	$A \cdot B + \overline{A} \cdot C = (A+C) \cdot (\overline{A}+B)$
정리 11	$(A+B) \cdot (A+C) = A + B \cdot C$	$A \cdot B + A \cdot C = A \cdot (B+C)$

■ 논리 대수 정리의 증명

[정리 1-①]   A=1일 때 $1 \cdot 0 = 0$
 A=0일 때 $0 \cdot 0 = 0$이므로 $A \cdot 0$은 항상 0이다.

[정리 1-②]   A=1일 때 $1+0=1$
 A=0일 때 $0+0=0$이므로 $A+0$은 항상 A이다.

[정리 2-①]   A=1일 때 $1 \cdot 1 = 1$
 A=0일 때 $0 \cdot 1 = 0$이므로 $A \cdot 1$은 항상 A이다.

[정리 2-②]   A=1일 때 $1+1=1$
 A=0일 때 $0+1=1$이므로 $A+1$은 항상 1이다.

[정리 3-①]   A=1일 때 $1 \cdot 1 = 1$

A=0일 때 $0 \cdot 0 = 0$이므로 $A \cdot A$는 항상 A이다.

[정리 3-②]   A=1일 때 $1+1=1$

A=0일 때 $0+0=0$이므로 $A+A$는 항상 A이다.

[정리 4-①]   A=1일 때 $1 \cdot \overline{1} = 1 \cdot 0 = 0$

A=0일 때 $0 \cdot \overline{0} = 0 \cdot 1 = 0$이므로 $A \cdot \overline{A}$는 항상 0이다.

[정리 4-②]   A=1일 때 $1+\overline{1} = 1+0 = 1$

A=0일 때 $0+\overline{0} = 0+1 = 1$이므로 $A+\overline{A}$는 항상 1이다.

[정리 5]   A=1일 때 $\overline{\overline{1}} = \overline{0} = 1$

A=0일 때 $\overline{\overline{0}} = \overline{1} = 0$이므로 $\overline{\overline{A}}$는 항상 A이다.

[정리 6-①] $A \cdot (A+B) = (A+0) \cdot (A+B)$

$\qquad\qquad = A \cdot A + A \cdot B + 0 \cdot A + 0 \cdot B$

$\qquad\qquad = A + A \cdot B + 0 \cdot A + 0 \cdot B$

$\qquad\qquad = A + A \cdot B$

$\qquad\qquad = A$

[정리 6-②] $A + (A \cdot B) = A \cdot 1 + A \cdot B$

$\qquad\qquad = A \cdot (1+B)$

$\qquad\qquad = A \cdot 1$

$\qquad\qquad = A$

[정리 7-①] $(A+\overline{B}) \cdot B = A \cdot B + \overline{B} \cdot B$

$\qquad\qquad = A \cdot B + 0$

$\qquad\qquad = A \cdot B$

[정리 7-②] $(A \cdot \overline{B}) + B = A \cdot \overline{B} + B \cdot (1+A)$

$\qquad\qquad = A \cdot \overline{B} + B + A \cdot B$

$\qquad\qquad = A \cdot \overline{B} + A \cdot B + B$

$\qquad\qquad = A \cdot (\overline{B}+B) + B$

$\qquad\qquad = A+B$

[정리 8-①] $(A+B) \cdot (A+\overline{B}) = A \cdot A + A \cdot \overline{B} + A \cdot B + B \cdot \overline{B}$

$\qquad\qquad = A + A \cdot \overline{B} + A \cdot B + 0$

$\qquad\qquad = A + A \cdot (\overline{B}+B)$

$\qquad\qquad = A + A \cdot 1$

$$=A+A$$
$$=A$$

[정리 8-②] $A \cdot B + A \cdot \overline{B} = A \cdot (B + \overline{B})$
$$=A \cdot 1$$
$$=A$$

[정리 9-①] $(A+B) \cdot (\overline{A}+B+C) = A \cdot \overline{A} + A \cdot B + A \cdot C + \overline{A} \cdot B + B \cdot B + B \cdot C$
$$= A \cdot B + A \cdot C + B \cdot C + \overline{A} \cdot B + B$$
$$= A \cdot B + A \cdot C + B \cdot C + B$$
$$= A \cdot (B+C) + B \cdot (B+C)$$
$$= (A+B) \cdot (B+C)$$

[정리 9-②] $A \cdot B + \overline{A} \cdot B \cdot C = B \cdot (A + \overline{A} \cdot C)$
$$= B \cdot (A+C)$$
$$= A \cdot B + B \cdot C$$

[정리 10-①] $(A+B) \cdot (\overline{A}+C) = A \cdot \overline{A} + A \cdot C + \overline{A} \cdot B + B \cdot C$
$$= A \cdot C + \overline{A} \cdot B + B \cdot C$$
$$= A \cdot C + \overline{A} \cdot B + B \cdot C \cdot (A+\overline{A})$$
$$= A \cdot C + \overline{A} \cdot B + A \cdot B \cdot C + \overline{A} \cdot B \cdot C$$
$$= A \cdot C \cdot (1+B) + \overline{A} \cdot B \cdot (1+C)$$
$$= A \cdot C + \overline{A} \cdot B$$

[정리 10-②] $A \cdot B + \overline{A} \cdot C = A \cdot B \cdot (1+C) + \overline{A} \cdot C \cdot (1+B)$
$$= A \cdot B + A \cdot B \cdot C + \overline{A} \cdot C + \overline{A} \cdot B \cdot C$$
$$= A \cdot B + \overline{A} \cdot C + B \cdot C \cdot (A+\overline{A})$$
$$= A \cdot B + \overline{A} \cdot C + B \cdot C$$
$$= A \cdot \overline{A} + A \cdot B + \overline{A} \cdot C + B \cdot C$$
$$= (A+C) \cdot (\overline{A}+B)$$

[정리 11-①] $(A+B) \cdot (A+C) = A \cdot A + A \cdot C + A \cdot B + B \cdot C$
$$= A + A \cdot C + A \cdot B + B \cdot C$$
$$= A + A \cdot B + B \cdot C$$
$$= A + B \cdot C$$

[정리 11-②] $A \cdot B + A \cdot C = A \cdot (B+C)$

논리 대수 정리의 회로 구성

정리	논리식	등가 접점 회로
정리 1	$A \cdot 0 = 0$	
	$A + 0 = A$	
정리 2	$A \cdot 1 = A$	
	$A + 1 = 1$	
정리 3	$A \cdot A = A$	
	$A + A = A$	
정리 4	$A \cdot \overline{A} = 0$	
	$A + \overline{A} = 1$	

정리	논리식	등가 접점 회로
정리 5	$\overline{\overline{A}}=A$	
정리 6	$A \cdot (A+B)=A$	
	$A+(A \cdot B)=A$	
정리 7	$(A+\overline{B}) \cdot B=A \cdot B$	
	$A \cdot \overline{B}+B=A+B$	
정리 8	$(A+B) \cdot (A+\overline{B})=A$	
	$A \cdot B+A \cdot \overline{B}=A$	

정리	논리식	등가 접점 회로
정리 9	$(A+B) \cdot (\overline{A}+B+C)$ $= (A+B) \cdot (B+C)$	
	$A \cdot B + \overline{A} \cdot B \cdot C$ $= A \cdot B + B \cdot C$	
정리 10	$(A+B) \cdot (\overline{A}+C)$ $= A \cdot C + \overline{A} \cdot B$	
	$A \cdot B + \overline{A} \cdot C$ $= (A+C) \cdot (\overline{A}+B)$	
정리 11	$(A+B) \cdot (A+C)$ $= A + B \cdot C$	
	$A \cdot B + A \cdot C$ $= A \cdot (B+C)$	

시퀀스제어 실기/실습

CHAPTER

04

시퀀스 제어
응용 회로

- 실습 과제
- 연습 문제

실습 과제

실습 과제 1   ON 우선 동작 회로

■ 유의 사항

① 제어판 내의 기구배치는 도면에 준하되, 치수는 작업하기 알맞고 기구가 들어
    갈 수 있도록 간격을 유지하여 배치한다.

② 소켓(베이스) 홈이 아래로 향하게 배치하고, 소켓 번호에 유의하여 작업한다.

③ 범례와 제어판 안쪽의 가이드라인을 참고하여 회로를 구성한다.

④ 각 단자의 접속은 한 단자에 2선까지만 접속할 수 있다.

⑤ 단자에 접속된 전선의 피복이 단자에 물리거나 피복 제거 부분(동선)이 2mm 이상 보이지 않도
    록 주의한다.

⑥ 버튼의 색상, 램프의 색상 등 배치도를 따라 작품을 완성한다.

⑦ 컨트롤 박스 안에서 커버를 열고 닫을 때 전선이 단자에서 빠지지 않도록 넉넉한 길이로 재단하고
    램프나 버튼의 단자는 확실하게 단자 조임 후 커버를 닫는다.

⑧ 완성된 작품은 벨 테스터기를 활용하여 점검한다.

■ 동작 사항

① PBS$_1$을 누르면 릴레이 X가 여자되어 RL램프는 점등된다.

② PBS$_1$과 PBS$_2$를 동시에 누르면, 누름 버튼 스위치 PBS$_1$에 의해 릴레이 X가 여자되므로 ON이 우
    선인 회로라 한다.

■ 계전기 내부 결선도

8핀 릴레이 내부 결선도

8핀 릴레이 소켓(베이스)

■ 회로도

■ 기구 배치도

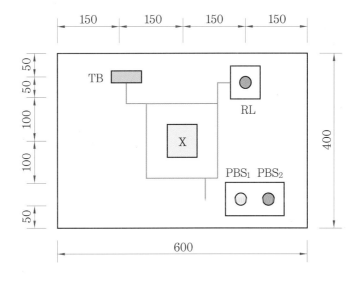

■ 범례

제어판	600×400mm	PBS₁	푸시 버튼 스위치(녹색)
TB	전원(단자대 4P)	PBS₂	푸시 버튼 스위치(적색)
X	릴레이 8P	RL	파일럿 램프(적색)

실습 과제 2	OFF 우선 동작 회로

■ 유의 사항

① 제어판 내의 기구배치는 도면에 준하되, 치수는 작업하기 알맞고 기구가 들어 갈 수 있도록 간격을 유지하여 배치한다.

② 소켓(베이스) 홈이 아래로 향하게 배치하고, 소켓 번호에 유의하여 작업한다.

③ 범례와 제어판 안쪽의 가이드라인을 참고하여 회로를 구성한다.

④ 각 단자의 접속은 한 단자에 2선까지만 접속할 수 있다.

⑤ 단자에 접속된 전선의 피복이 단자에 물리거나 피복 제거 부분(동선)이 2mm 이상 보이지 않도록 주의한다.

⑥ 버튼의 색상, 램프의 색상 등 배치도를 따라 작품을 완성한다.

⑦ 컨트롤 박스 안에서 커버를 열고 닫을 때 전선이 단자에서 빠지지 않도록 넉넉한 길이로 재단하고 램프나 버튼의 단자는 확실하게 단자 조임 후 커버를 닫는다.

⑧ 완성된 작품은 벨 테스터기를 활용하여 점검한다.

■ 동작 사항

① PBS_1을 누르면 릴레이 X가 여자되어 RL램프는 점등된다.

② PBS_1과 PBS_2를 동시에 누르면, 누름 버튼 스위치 PBS_2에 의해 릴레이 X는 여자되지 않으므로 OFF 우선 동작 회로라 한다.

■ 계전기 내부 결선도

8핀 릴레이 내부 결선도

8핀 릴레이 소켓(베이스)

■ 회로도

■ 기구 배치도

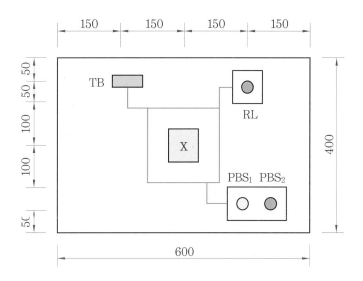

■ 범례

제어판	600×400mm	PBS₁	푸시 버튼 스위치(녹색)
TB	전원(단자대 4P)	PBS₂	푸시 버튼 스위치(적색)
X	릴레이 8P	RL	파일럿 램프(적색)

실습 과제 3   2중 코일 회로

■ 유의 사항

① 제어판 내의 기구배치는 도면에 준하되, 치수는 작업하기 알맞고 기구가 들어
   갈 수 있도록 간격을 유지하여 배치한다.
② 소켓(베이스) 홈이 아래로 향하게 배치하고, 소켓 번호에 유의하여 작업한다.
③ 범례와 제어판 안쪽의 가이드라인을 참고하여 회로를 구성한다.
④ 기구와 기구 사이에는 전선이 배선되지 않도록 주의한다.
⑤ 각 단자의 접속은 한 단자에 2선까지만 접속할 수 있다.
⑥ 단자에 접속된 전선의 피복이 단자에 물리거나 피복 제거 부분(동선)이 2mm 이상 보이지 않도
   록 주의한다.
⑦ 버튼의 색상, 램프의 색상 등 배치도를 따라 작품을 완성한다.
⑧ 컨트롤 박스 안에서 커버를 열고 닫을 때 전선이 단자에서 빠지지 않도록 넉넉한 길이로 재단하고
   램프나 버튼의 단자는 확실하게 단자 조임 후 커버를 닫는다.
⑨ 완성된 작품은 벨 테스터기를 활용하여 점검한다.

■ 동작 사항

① PBS_1을 누르는 동안 릴레이 X_1이 여자되고, 릴레이 X_2는 자기유지되며, RL램프는 점등된다.
② PBS_2를 누르면 릴레이 X_2가 소자되고, RL램프는 소등된다.

■ 계전기 내부 결선도

8핀 릴레이 내부 결선도

8핀 릴레이 소켓(베이스)

■ 회로도

■ 기구 배치도

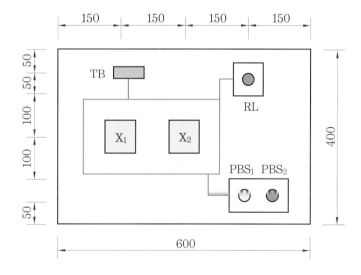

■ 범례

제어판	600×400mm	PBS₁	푸시 버튼 스위치(녹색)
TB	전원(단자대 4P)	PBS₂	푸시 버튼 스위치(적색)
X₁, X₂	릴레이 8P	RL	파일럿 램프(적색)

실습 과제 4   쌍안정 회로

■ 유의 사항

① 제어판 내의 기구배치는 도면에 준하되, 치수는 작업하기 알맞고 기구가 들어
　갈 수 있도록 간격을 유지하여 배치한다.

② 소켓(베이스) 홈이 아래로 향하게 배치하고, 소켓 번호에 유의하여 작업한다.

③ 범례와 제어판 안쪽의 가이드라인을 참고하여 회로를 구성한다.

④ 기구와 기구 사이에는 전선이 배선되지 않도록 주의한다.

⑤ 각 단자의 접속은 한 단자에 2선까지만 접속할 수 있다.

⑥ 단자에 접속된 전선의 피복이 단자에 물리거나 피복 제거 부분(동선)이 2mm 이상 보이지 않도
　록 주의한다.

⑦ 버튼의 색상, 램프의 색상 등 배치도를 따라 작품을 완성한다.

⑧ 컨트롤 박스 안에서 커버를 열고 닫을 때 전선이 단자에서 빠지지 않도록 넉넉한 길이로 재단하고
　램프나 버튼의 단자는 확실하게 단자 조임 후 커버를 닫는다.

⑨ 완성된 작품은 벨 테스터기를 활용하여 점검한다.

■ 동작 사항

① 전원을 투입하면 RL램프는 점등된다.

② PBS$_1$을 누르면 릴레이 코일 X$_1$이 자기유지되고 동시에 RL램프는 소등된다.

③ PBS$_2$를 누르면 릴레이 코일 X$_2$가 여자되고 X$_1$이 소자, RL램프는 점등된다.

■ 계전기 내부 결선도

8핀 릴레이 내부 결선도

8핀 릴레이 소켓(베이스)

■ **회로도**

■ **기구 배치도**

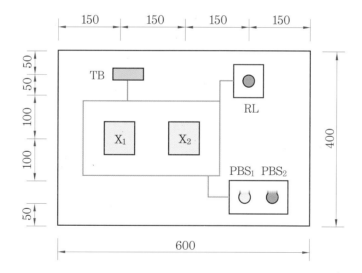

■ **범례**

제어판	600×400mm	PBS₁	푸시 버튼 스위치(녹색)
TB	전원(단자대 4P)	PBS₂	푸시 버튼 스위치(적색)
X₁, X₂	릴레이 8P	RL	파일럿 램프(적색)

실습 과제 5   **OFF 우선 회로의 2개소 기동 · 정지 회로**

■ 유의 사항

① 제어판 내의 기구배치는 도면에 준하되, 치수는 작업하기 알맞고 기구가 들어
    갈 수 있도록 간격을 유지하여 배치한다.

② 소켓(베이스) 홈이 아래로 향하게 배치하고, 소켓 번호에 유의하여 작업한다.

③ 범례와 제어판 안쪽의 가이드라인을 참고하여 회로를 구성한다.

④ 각 단자의 접속은 한 단자에 2선까지만 접속할 수 있다.

⑤ 단자에 접속된 전선의 피복이 단자에 물리거나 피복 제거 부분(동선)이 2mm 이상 보이지 않도
    록 주의한다.

⑥ 버튼의 색상, 램프의 색상 등 배치도를 따라 작품을 완성한다.

⑦ 컨트롤 박스 안에서 커버를 열고 닫을 때 전선이 단자에서 빠지지 않도록 넉넉한 길이로 재단하고
    램프나 버튼의 단자는 확실하게 단자 조임 후 커버를 닫는다.

⑧ 완성된 작품은 벨 테스터기를 활용하여 점검한다.

■ 동작 사항

① PBS_1 또는 별개의 개소 PBS_2를 누르면 릴레이 X는 자기유지되고 동시에 RL램프는 점등한다.

② PBS_3 또는 별개의 개소 PBS_4를 누르면 릴레이 X는 소자되고, 동시에 RL램프는 소등된다.

■ 계전기 내부 결선도

8핀 릴레이 내부 결선도

8핀 릴레이 소켓(베이스)

■ 회로도

■ 기구 배치도

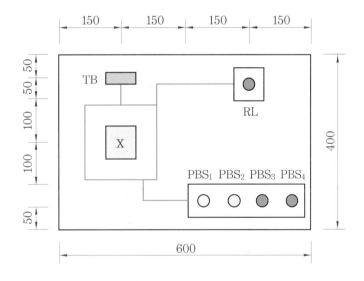

■ 범례

제어판	600×400mm	PBS₁, PBS₂	푸시 버튼 스위치(녹색)
TB	전원(단자대 4P)	PBS₃, PBS₄	푸시 버튼 스위치(적색)
X	릴레이 8P	RL	파일럿 램프(적색)

실습 과제 6　　　ON 우선 회로의 2개소 기동·정지 회로

■ 유의 사항

① 제어판 내의 기구배치는 도면에 준하되, 치수는 작업하기 알맞고 기구가 들어
　 갈 수 있도록 간격을 유지하여 배치한다.

② 소켓(베이스) 홈이 아래로 향하게 배치하고, 소켓 번호에 유의하여 작업한다.

③ 범례와 제어판 안쪽의 가이드라인을 참고하여 회로를 구성한다.

④ 각 단자의 접속은 한 단자에 2선까지만 접속할 수 있다.

⑤ 단자에 접속된 전선의 피복이 단자에 물리거나 피복 제거 부분(동선)이 2mm 이상 보이지 않도
　 록 주의한다.

⑥ 버튼의 색상, 램프의 색상 등 배치도를 따라 작품을 완성한다.

⑦ 컨트롤 박스 안에서 커버를 열고 닫을 때 전선이 단자에서 빠지지 않도록 넉넉한 길이로 재단하고
　 램프나 버튼의 단자는 확실하게 단자 조임 후 커버를 닫는다.

⑧ 완성된 작품은 벨 테스터기를 활용하여 점검한다.

■ 동작 사항

① PBS_1 또는 별개의 개소 PBS_2를 누르면 릴레이 X는 자기유지되고 동시에 RL램프는 점등한다.

② PBS_3 또는 별개의 개소 PBS_4를 누르면 릴레이 X는 소자되고, 동시에 RL램프는 소등된다.

■ 계전기 내부 결선도

8핀 릴레이 내부 결선도

8핀 릴레이 소켓(베이스)

■ 회로도

■ 기구 배치도

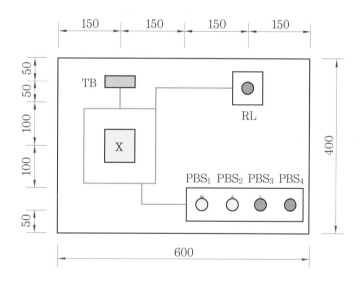

■ 범례

제어판	600×400mm	PBS₁, PBS₂	푸시 버튼 스위치(녹색)
TB	전원(단자대 4P)	PBS₃, PBS₄	푸시 버튼 스위치(적색)
X	릴레이 8P	RL	파일럿 램프(적색)

실습 과제 7	OFF 우선 인칭 회로

■ 유의 사항

① 제어판 내의 기구배치는 도면에 준하되, 치수는 작업하기 알맞고 기구가 들어
  갈 수 있도록 간격을 유지하여 배치한다.
② 소켓(베이스) 홈이 아래로 향하게 배치하고, 소켓 번호에 유의하여 작업한다.
③ 범례와 제어판 안쪽의 가이드라인을 참고하여 회로를 구성한다.
④ 각 단자의 접속은 한 단자에 2선까지만 접속할 수 있다.
⑤ 단자에 접속된 전선의 피복이 단자에 물리거나 피복 제거 부분(동선)이 2mm 이상 보이지 않도
  록 주의한다.
⑥ 버튼의 색상, 램프의 색상 등 배치도를 따라 작품을 완성한다.
⑦ 컨트롤 박스 안에서 커버를 열고 닫을 때 전선이 단자에서 빠지지 않도록 넉넉한 길이로 재단하고
  램프나 버튼의 단자는 확실하게 단자 조임 후 커버를 닫는다.
⑧ 완성된 작품은 벨 테스터기를 활용하여 점검한다.

■ 동작 사항

① 전원을 투입하면 GL램프는 점등된다.
② PBS_1을 누르면 릴레이 X는 여자되어 자기유지되고, GL은 소등, RL은 점등한다.
③ PBS_3를 누르면 릴레이 X는 소자되어 GL은 점등, RL은 소등한다.
④ PBS_2를 누르는 동안 릴레이 X가 여자된다.

■ 계전기 내부 결선도

8핀 릴레이 내부 결선도

8핀 릴레이 소켓(베이스)

■ 회로도

■ 기구 배치도

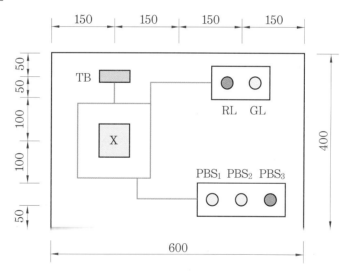

■ 범례

제어판	600×400mm	PBS₁, PBS₂	푸시 버튼 스위치(녹색)
TB	전원(단자대 4P)	PBS₃	푸시 버튼 스위치(적색)
X	릴레이 8P	RL	파일럿 램프(적색)
		GL	파일럿 램프(녹색)

실습 과제 8	ON 우선 인칭 회로

■ 유의 사항

① 제어판 내의 기구배치는 도면에 준하되, 치수는 작업하기 알맞고 기구가 들어 갈 수 있도록 간격을 유지하여 배치한다.

② 소켓(베이스) 홈이 아래로 향하게 배치하고, 소켓 번호에 유의하여 작업한다.

③ 범례와 제어판 안쪽의 가이드라인을 참고하여 회로를 구성한다.

④ 각 단자의 접속은 한 단자에 2선까지만 접속할 수 있다.

⑤ 단자에 접속된 전선의 피복이 단자에 물리거나 피복 제거 부분(동선)이 2mm 이상 보이지 않도록 주의한다.

⑥ 버튼의 색상, 램프의 색상 등 배치도를 따라 작품을 완성한다.

⑦ 컨트롤 박스 안에서 커버를 열고 닫을 때 전선이 단자에서 빠지지 않도록 넉넉한 길이로 재단하고 램프나 버튼의 단자는 확실하게 단자 조임 후 커버를 닫는다.

⑧ 완성된 작품은 벨 테스터기를 활용하여 점검한다.

■ 동작 사항

① 전원을 투입하면 GL램프는 점등된다.

② PBS_2를 누르면 릴레이 X는 여자되어 자기유지되고, GL은 소등, RL은 점등한다.

③ PBS_3를 누르면 릴레이 X는 소자되어 GL은 점등, RL은 소등한다.

④ PBS_1을 누르는 동안 릴레이 X가 여자되고 PBS_3를 누르면 릴레이 X는 소자된다.

⑤ 릴레이 X가 여자되면 램프 RL 점등, 소자되면 GL 점등한다.

■ 계전기 내부 결선도

8핀 릴레이 내부 결선도

8핀 릴레이 소켓(베이스)

■ 회로도

■ 기구 배치도

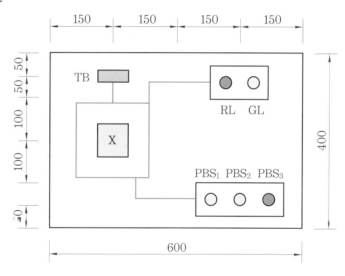

■ 범례

제어판	600×400mm	PBS₁, PBS₂	푸시 버튼 스위치(녹색)
TB	전원(단자대 4P)	PBS₃	푸시 버튼 스위치(적색)
X	릴레이 8P	RL	파일럿 램프(적색)
		GL	파일럿 램프(녹색)

실습 과제 9 논리곱(AND) 회로

■ 유의 사항

① 제어판 내의 기구배치는 도면에 준하되, 치수는 작업하기 알맞고 기구가 들어 갈 수 있도록 간격을 유지하여 배치한다.

② 소켓(베이스) 홈이 아래로 향하게 배치하고, 소켓 번호에 유의하여 작업한다.

③ 범례와 제어판 안쪽의 가이드라인을 참고하여 회로를 구성한다.

④ 기구와 기구 사이에는 전선이 배선되지 않도록 주의한다.

⑤ 각 단자의 접속은 한 단자에 2선까지만 접속할 수 있다.

⑥ 단자에 접속된 전선의 피복이 단자에 물리거나 피복 제거 부분(동선)이 2mm 이상 보이지 않도록 주의한다.

⑦ 버튼의 색상, 램프의 색상 등 배치도를 따라 작품을 완성한다.

⑧ 컨트롤 박스 안에서 커버를 열고 닫을 때 전선이 단자에서 빠지지 않도록 넉넉한 길이로 재단하고 램프나 버튼의 단자는 확실하게 단자 조임 후 커버를 닫는다.

⑨ 완성된 작품은 벨 테스터기를 활용하여 점검한다.

■ 동작 사항

① PBS_1을 누르면 릴레이 X_1은 여자된다.

② PBS_2를 누르면 릴레이 X_2는 여자된다.

③ 릴레이 X_1, X_2가 모두 여자되면 램프 RL은 점등한다.

④ PBS_0를 누르면 X_1, X_2는 소자되고 RL램프는 소등한다.

■ 계전기 내부 결선도

8핀 릴레이 내부 결선도

8핀 릴레이 소켓(베이스)

■ 회로도

■ 기구 배치도

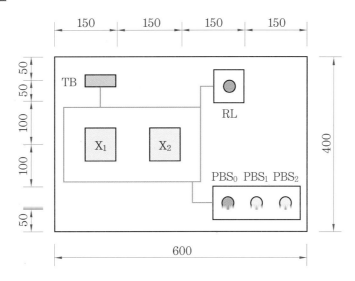

■ 범례

제어판	600×400mm	PBS₀	푸시 버튼 스위치(적색)
TB	전원(단자대 4P)	PBS₁, PBS₂	푸시 버튼 스위치(녹색)
X₁, X₂	릴레이 8P	RL	파일럿 램프(적색)

실습 과제 10 논리합(OR) 회로

■ 유의 사항

① 제어판 내의 기구배치는 도면에 준하되, 치수는 작업하기 알맞고 기구가 들어 갈 수 있도록 간격을 유지하여 배치한다.

② 소켓(베이스) 홈이 아래로 향하게 배치하고, 소켓 번호에 유의하여 작업한다.

③ 범례와 제어판 안쪽의 가이드라인을 참고하여 회로를 구성한다.

④ 기구와 기구 사이에는 전선이 배선되지 않도록 주의한다.

⑤ 각 단자의 접속은 한 단자에 2선까지만 접속할 수 있다.

⑥ 단자에 접속된 전선의 피복이 단자에 물리거나 피복 제거 부분(동선)이 2mm 이상 보이지 않도록 주의한다.

⑦ 버튼의 색상, 램프의 색상 등 배치도를 따라 작품을 완성한다.

⑧ 컨트롤 박스 안에서 커버를 열고 닫을 때 전선이 단자에서 빠지지 않도록 넉넉한 길이로 재단하고 램프나 버튼의 단자는 확실하게 단자 조임 후 커버를 닫는다.

⑨ 완성된 작품은 벨 테스터기를 활용하여 점검한다.

■ 동작 사항

① PBS_1을 누르면 릴레이 X_1은 여자된다.

② PBS_2를 누르면 릴레이 X_2는 여자된다.

③ 릴레이 X_1, X_2가 하나만 여자되어도 램프 RL은 점등한다.

④ PBS_0를 누르면 X_1, X_2는 소자되고 RL램프는 소등한다.

■ 계전기 내부 결선도

8핀 릴레이 내부 결선도

8핀 릴레이 소켓(베이스)

■ 회로도

■ 기구 배치도

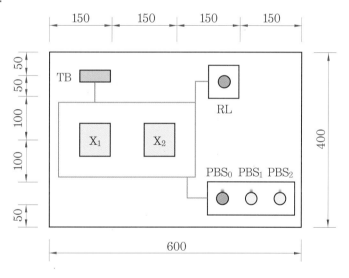

■ 범례

제어판	600×400mm	PBS₀	푸시 버튼 스위치(적색)
TB	전원(단자대 4P)	PBS₁, PBS₂	푸시 버튼 스위치(녹색)
X₁, X₂	릴레이 8P	RL	파일럿 램프(적색)

실습 과제 11	논리합 부정(NOR) 회로

■ 유의 사항

① 제어판 내의 기구배치는 도면에 준하되, 치수는 작업하기 알맞고 기구가 들어 갈 수 있도록 간격을 유지하여 배치한다.

② 소켓(베이스) 홈이 아래로 향하게 배치하고, 소켓 번호에 유의하여 작업한다.

③ 범례와 제어판 안쪽의 가이드라인을 참고하여 회로를 구성한다.

④ 기구와 기구 사이에는 전선이 배선되지 않도록 주의한다.

⑤ 각 단자의 접속은 한 단자에 2선까지만 접속할 수 있다.

⑥ 단자에 접속된 전선의 피복이 단자에 물리거나 피복 제거 부분(동선)이 2mm 이상 보이지 않도록 주의한다.

⑦ 버튼의 색상, 램프의 색상 등 배치도를 따라 작품을 완성한다.

⑧ 컨트롤 박스 안에서 커버를 열고 닫을 때 전선이 단자에서 빠지지 않도록 넉넉한 길이로 재단하고 램프나 버튼의 단자는 확실하게 단자 조임 후 커버를 닫는다.

⑨ 완성된 작품은 벨 테스터기를 활용하여 점검한다.

■ 동작 사항

① 전원을 투입하면 RL 램프는 점등한다.

② PBS_1을 누르면 릴레이 X_1은 여자된다.

③ PBS_2를 누르면 릴레이 X_2는 여자된다.

④ 릴레이 X_1, X_2가 하나만 여자되어도 RL램프는 소등한다.

⑤ PBS_0를 누르면 X_1, X_2는 소자되고 RL램프는 점등한다.

■ 계전기 내부 결선도

8핀 릴레이 내부 결선도

8핀 릴레이 소켓(베이스)

■ **회로도**

■ **기구 배치도**

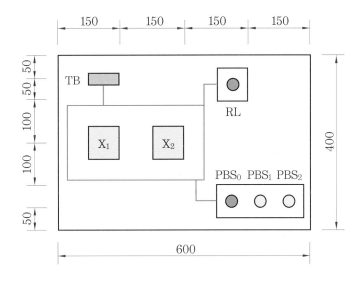

■ **범례**

제어판	600 × 400mm	PBS$_0$	푸시 버튼 스위치(적색)
TB	전원(단자대 4P)	PBS$_1$, PBS$_2$	푸시 버튼 스위치(녹색)
X$_1$, X$_2$	릴레이 8P	RL	파일럿 램프(적색)

실습 과제 12	논리곱 부정(NAND) 회로

■ 유의 사항

① 제어판 내의 기구배치는 도면에 준하되, 치수는 작업하기 알맞고 기구가 들어
   갈 수 있도록 간격을 유지하여 배치한다.
② 소켓(베이스) 홈이 아래로 향하게 배치하고, 소켓 번호에 유의하여 작업한다.
③ 범례와 제어판 안쪽의 가이드라인을 참고하여 회로를 구성한다.
④ 기구와 기구 사이에는 전선이 배선되지 않도록 주의한다.
⑤ 각 단자의 접속은 한 단자에 2선까지만 접속할 수 있다.
⑥ 단자에 접속된 전선의 피복이 단자에 물리거나 피복 제거 부분(동선)이 2mm 이상 보이지 않도
   록 주의한다.
⑦ 버튼의 색상, 램프의 색상 등 배치도를 따라 작품을 완성한다.
⑧ 컨트롤 박스 안에서 커버를 열고 닫을 때 전선이 단자에서 빠지지 않도록 넉넉한 길이로 재단하고
   램프나 버튼의 단자는 확실하게 단자 조임 후 커버를 닫는다.
⑨ 완성된 작품은 벨 테스터기를 활용하여 점검한다.

■ 동작 사항

① 전원을 투입하면 램프 RL은 점등한다.
② PBS_1을 누르면 릴레이 X_1은 여자된다.
③ PBS_2를 누르면 릴레이 X_2은 여자된다.
④ 릴레이 X_1, X_2가 모두 여자되어야 RL램프는 소등한다.
⑤ PBS_0를 누르면 X_1, X_2는 소자되고 RL램프는 점등한다.

■ 계전기 내부 결선도

8핀 릴레이 내부 결선도

8핀 릴레이 소켓(베이스)

■ 회로도

■ 기구 배치도

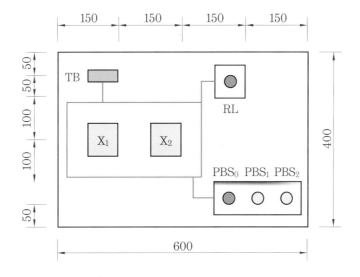

■ 범례

제어판	600×400mm	PBS$_0$	푸시 버튼 스위치(적색)
TB	전원(단자대 4P)	PBS$_1$, PBS$_2$	푸시 버튼 스위치(녹색)
X$_1$, X$_2$	릴레이 8P	RL	파일럿 램프(적색)

실습 과제 13	일치(EX-NOR) 회로

■ 유의 사항

① 제어판 내의 기구배치는 도면에 준하되, 치수는 작업하기 알맞고 기구가 들어
   갈 수 있도록 간격을 유지하여 배치한다.
② 소켓(베이스) 홈이 아래로 향하게 배치하고, 소켓 번호에 유의하여 작업한다.
③ 범례와 제어판 안쪽의 가이드라인을 참고하여 회로를 구성한다.
④ 기구와 기구 사이에는 전선이 배선되지 않도록 주의한다.
⑤ 각 단자의 접속은 한 단자에 2선까지만 접속할 수 있다.
⑥ 단자에 접속된 전선의 피복이 단자에 물리거나 피복 제거 부분(동선)이 2mm 이상 보이지 않도
   록 주의한다.
⑦ 버튼의 색상, 램프의 색상 등 배치도를 따라 작품을 완성한다.
⑧ 컨트롤 박스 안에서 커버를 열고 닫을 때 전선이 단자에서 빠지지 않도록 넉넉한 길이로 재단하고
   램프나 버튼의 단자는 확실하게 단자 조임 후 커버를 닫는다.
⑨ 완성된 작품은 벨 테스터기를 활용하여 점검한다.

■ 동작 사항

① 전원을 투입하면 램프 RL은 점등한다.
② PBS_1을 누르면 릴레이 X_1은 여자된다.
③ PBS_2를 누르면 릴레이 X_2는 여자된다.
④ 릴레이 X_1, X_2가 같은 동작일 때 RL램프는 점등한다.
⑤ PBS_0를 누르면 X_1, X_2는 소자되고 RL램프는 점등한다.

■ 계전기 내부 결선도

8핀 릴레이 내부 결선도

8핀 릴레이 소켓(베이스)

■ 회로도

■ 기구 배치도

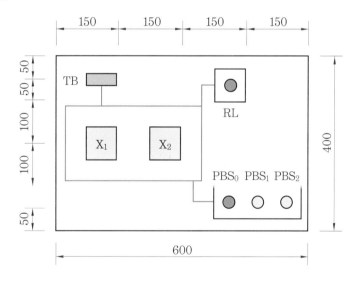

■ 범례

제어판	600×400mm	PBS_0	푸시 버튼 스위치(적색)
TB	전원(단자대 4P)	PBS_1, PBS_2	푸시 버튼 스위치(녹색)
X_1, X_2	릴레이 8P	RL	파일럿 램프(적색)

실습 과제 14 　　　　　 반일치(EX-OR) 회로

■ **유의 사항**

① 제어판 내의 기구배치는 도면에 준하되, 치수는 작업하기 알맞고 기구가 들어
　갈 수 있도록 간격을 유지하여 배치한다.

② 소켓(베이스) 홈이 아래로 향하게 배치하고, 소켓 번호에 유의하여 작업한다.

③ 범례와 제어판 안쪽의 가이드라인을 참고하여 회로를 구성한다.

④ 기구와 기구 사이에는 전선이 배선되지 않도록 주의한다.

⑤ 각 단자의 접속은 한 단자에 2선까지만 접속할 수 있다.

⑥ 단자에 접속된 전선의 피복이 단자에 물리거나 피복 제거 부분(동선)이 2mm 이상 보이지 않도록 주의한다.

⑦ 버튼의 색상, 램프의 색상 등 배치도를 따라 작품을 완성한다.

⑧ 컨트롤 박스 안에서 커버를 열고 닫을 때 전선이 단자에서 빠지지 않도록 넉넉한 길이로 재단하고 램프나 버튼의 단자는 확실하게 단자 조임 후 커버를 닫는다.

⑨ 완성된 작품은 벨 테스터기를 활용하여 점검한다.

■ **동작 사항**

① PBS_1을 누르면 릴레이 X_1은 여자된다.

② PBS_2를 누르면 릴레이 X_2는 여자된다.

③ 릴레이 X_1, X_2가 서로 다른 동작일 때 RL램프는 점등한다.

④ PBS_0를 누르면 X_1, X_2는 소자되고 RL램프는 소등한다.

■ **계전기 내부 결선도**

8핀 릴레이 내부 결선도

8핀 릴레이 소켓(베이스)

■ **회로도**

■ **기구 배치도**

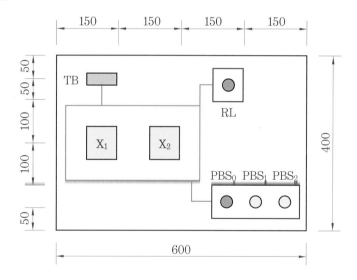

■ **범례**

제어판	600 × 400mm	PBS$_0$	푸시 버튼 스위치(적색)
TB	전원(단자대 4P)	PBS$_1$, PBS$_2$	푸시 버튼 스위치(녹색)
X$_1$, X$_2$	릴레이 8P	RL	파일럿 램프(적색)

실습 과제 15   지연 동작 회로

■ 유의 사항

① 제어판 내의 기구배치는 도면에 준하되, 치수는 작업하기 알맞고 기구가 들어
    갈 수 있도록 간격을 유지하여 배치한다.

② 소켓(베이스) 홈이 아래로 향하게 배치하고, 소켓 번호에 유의하여 작업한다.

③ 범례와 제어판 안쪽의 가이드라인을 참고하여 회로를 구성한다.

④ 각 단자의 접속은 한 단자에 2선까지만 접속할 수 있다.

⑤ 단자에 접속된 전선의 피복이 단자에 물리거나 피복 제거 부분(동선)이 2mm 이상 보이지 않도
    록 주의한다.

⑥ 버튼의 색상, 램프의 색상 등 배치도를 따라 작품을 완성한다.

⑦ 컨트롤 박스 안에서 커버를 열고 닫을 때 전선이 단자에서 빠지지 않도록 넉넉한 길이로 재단하고
    램프나 버튼의 단자는 확실하게 단자 조임 후 커버를 닫는다.

⑧ 완성된 작품은 벨 테스터기를 활용하여 점검한다.

■ 동작 사항

① 전원을 투입하면 램프 GL은 점등한다.

② PBS_1을 누르면 타이머 T는 여자되고 설정된 시간 후 RL램프는 점등, GL램프는 소등한다.

③ PBS_0를 누르면 타이머는 소자되고 GL램프는 점등, RL램프는 소등된다.

■ 계전기 내부 결선도

타이머 내부 결선도

타이머 소켓(베이스)

■ **회로도**

■ **기구 배치도**

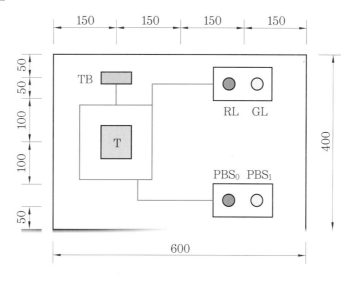

■ **범례**

제어판	600×400mm	PBS₀	푸시 버튼 스위치(적색)
TB	전원(단자대 4P)	PBS₁	푸시 버튼 스위치(녹색)
T	타이머 8P	RL	파일럿 램프(적색)
		GL	파일럿 램프(녹색)

실습 과제 16	순시 동작 한시 복귀 동작 회로

■ 유의 사항

① 제어판 내의 기구배치는 도면에 준하되, 치수는 작업하기 알맞고 기구가 들어
   갈 수 있도록 간격을 유지하여 배치한다.

② 소켓(베이스) 홈이 아래로 향하게 배치하고, 소켓 번호에 유의하여 작업한다.

③ 범례와 제어판 안쪽의 가이드라인을 참고하여 회로를 구성한다.

④ 기구와 기구 사이에는 전선이 배선되지 않도록 주의한다.

⑤ 각 단자의 접속은 한 단자에 2선까지만 접속할 수 있다.

⑥ 단자에 접속된 전선의 피복이 단자에 물리거나 피복 제거 부분(동선)이 2mm 이상 보이지 않도
   록 주의한다.

⑦ 버튼의 색상, 램프의 색상 등 배치도를 따라 작품을 완성한다.

⑧ 컨트롤 박스 안에서 커버를 열고 닫을 때 전선이 단자에서 빠지지 않도록 넉넉한 길이로 재단하고
   램프나 버튼의 단자는 확실하게 단자 조임 후 커버를 닫는다.

⑨ 완성된 작품은 벨 테스터기를 활용하여 점검한다.

■ 동작 사항

① PBS_1을 누르면 릴레이 X_1, X_2는 여자되고 GL램프는 점등한다.

② PBS_2를 누르면 릴레이 X_1은 소자되고 타이머 T의 설정시간 후 X_2는 소자, GL램프는 소등한다.

■ 계전기 내부 결선도

8핀 릴레이 내부 결선도   8핀 타이머 내부 결선도

■ 회로도

■ 기구 배치도

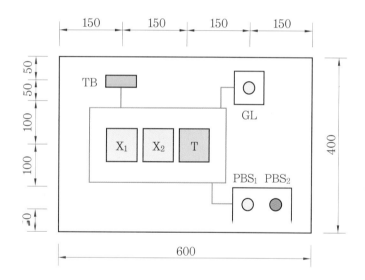

■ 범례

제어판	600×400mm	PBS$_1$	푸시 버튼 스위치(녹색)
TB	전원(단자대 4P)	PBS$_2$	푸시 버튼 스위치(적색)
T	타이머 8P	RL	파일럿 램프(적색)
X$_1$, X$_2$	릴레이 8P	GL	파일럿 램프(녹색)

실습 과제 17 　　　　지연 동작 한시 복귀 동작 회로

■ 유의 사항

① 제어판 내의 기구배치는 도면에 준하되, 치수는 작업하기 알맞고 기구가 들어
　갈 수 있도록 간격을 유지하여 배치한다.

② 소켓(베이스) 홈이 아래로 향하게 배치하고, 소켓 번호에 유의하여 작업한다.

③ 범례와 제어판 안쪽의 가이드라인을 참고하여 회로를 구성한다.

④ 기구와 기구 사이에는 전선이 배선되지 않도록 주의한다.

⑤ 각 단자의 접속은 한 단자에 2선까지만 접속할 수 있다.

⑥ 단자에 접속된 전선의 피복이 단자에 물리거나 피복 제거 부분(동선)이 2mm 이상 보이지 않도
　록 주의한다.

⑦ 버튼의 색상, 램프의 색상 등 배치도를 따라 작품을 완성한다.

⑧ 컨트롤 박스 안에서 커버를 열고 닫을 때 전선이 단자에서 빠지지 않도록 넉넉한 길이로 재단하고
　램프나 버튼의 단자는 확실하게 단자 조임 후 커버를 닫는다.

⑨ 완성된 작품은 벨 테스터기를 활용하여 점검한다.

■ 동작 사항

① PBS_1을 누르면 타이머 T_1이 여자되어 설정된 시간 후 릴레이 X가 여자되고, 램프 GL이 점등한다.

② PBS_2를 누르면 T_1은 소자되고 타이머 T_2는 여자되어 T_2의 설정시간 후 릴레이 X가 소자되어 램
　프 GL은 소등된다.

■ 계전기 내부 결선도

8핀 릴레이 내부 결선도

타이머 내부 결선도

■ 회로도

■ 기구 배치도

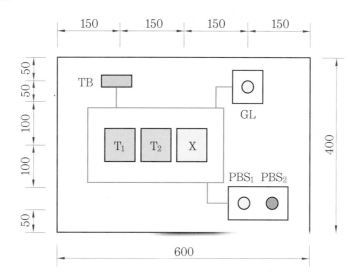

■ 범례

제어판	600×400mm	PBS₁	푸시 버튼 스위치(녹색)
TB	전원(단자대 4P)	PBS₂	푸시 버튼 스위치(적색)
T₁, T₂	타이머 8P	GL	파일럿 램프(녹색)
X	릴레이 8P		

| 실습 과제 18 | 지연 간격 동작 회로 |

■ 유의 사항

① 제어판 내의 기구배치는 도면에 준하되, 치수는 작업하기 알맞고 기구가 들어 갈 수 있도록 간격을 유지하여 배치한다.

② 소켓(베이스) 홈이 아래로 향하게 배치하고, 소켓 번호에 유의하여 작업한다.

③ 범례와 제어판 안쪽의 가이드라인을 참고하여 회로를 구성한다.

④ 기구와 기구 사이에는 전선이 배선되지 않도록 주의한다.

⑤ 각 단자의 접속은 한 단자에 2선까지만 접속할 수 있다.

⑥ 단자에 접속된 전선의 피복이 단자에 물리거나 피복 제거 부분(동선)이 2mm 이상 보이지 않도록 주의한다.

⑦ 버튼의 색상, 램프의 색상 등 배치도를 따라 작품을 완성한다.

⑧ 컨트롤 박스 안에서 커버를 열고 닫을 때 전선이 단자에서 빠지지 않도록 넉넉한 길이로 재단하고 램프나 버튼의 단자는 확실하게 단자 조임 후 커버를 닫는다.

⑨ 완성된 작품은 벨 테스터기를 활용하여 점검한다.

■ 동작 사항

① PBS_1을 누르면 타이머 T_1이 여자되어 설정된 시간 후 타이머 T_2가 여자되고 GL램프는 점등된다. 타이머 T_2의 설정된 시간 후 릴레이 X는 여자되고 GL램프는 소등된다.

② PBS_2를 누르면 타이머 T_1, T_2, 릴레이 X는 소자된다.

■ 계전기 내부 결선도

8핀 릴레이 내부 결선도

타이머 내부 결선도

■ **회로도**

■ **기구 배치도**

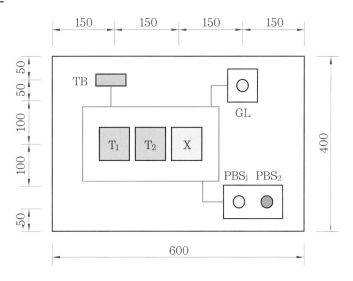

■ **범례**

제어판	600×400mm	PBS₁	푸시 버튼 스위치(녹색)
TB	전원(단자대 4P)	PBS₂	푸시 버튼 스위치(적색)
T₁, T₂	타이머 8P	GL	파일럿 램프(녹색)
X	릴레이 8P		

실습 과제 19   주기 동작 회로

■ 유의 사항

① 제어판 내의 기구배치는 도면에 준하되, 치수는 작업하기 알맞고 기구가 들어
   갈 수 있도록 간격을 유지하여 배치한다.

② 소켓(베이스) 홈이 아래로 향하게 배치하고, 소켓 번호에 유의하여 작업한다.

③ 범례와 제어판 안쪽의 가이드라인을 참고하여 회로를 구성한다.

④ 기구와 기구 사이에는 전선이 배선되지 않도록 주의한다.

⑤ 각 단자의 접속은 한 단자에 2선까지만 접속할 수 있다.

⑥ 단자에 접속된 전선의 피복이 단자에 물리거나 피복 제거 부분(동선)이 2mm 이상 보이지 않도
   록 주의한다.

⑦ 버튼의 색상, 램프의 색상 등 배치도를 따라 작품을 완성한다.

⑧ 컨트롤 박스 안에서 커버를 열고 닫을 때 전선이 단자에서 빠지지 않도록 넉넉한 길이로 재단하고
   램프나 버튼의 단자는 확실하게 단자 조임 후 커버를 닫는다.

⑨ 완성된 작품은 벨 테스터기를 활용하여 점검한다.

■ 동작 사항

① PBS$_1$을 누르면 릴레이 X$_1$과 T$_1$은 여자되고 GL램프는 점등된다. 타이머 T$_1$의 설정된 시간 후 타
   이머 T$_2$, 릴레이 X$_2$는 여자되고, GL램프는 소등된다. T$_2$의 설정된 시간 후 릴레이 X$_2$, 타이머 T$_2$
   는 소자되고 GL램프는 점등한다.

② PBS$_2$를 누르면 릴레이 X$_1$은 소자된다.

■ 계전기 내부 결선도

8핀 릴레이 내부 결선도

타이머 내부 결선도

■ 회로도

■ 기구 배치도

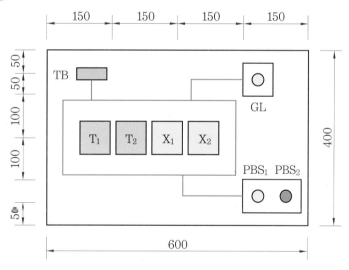

■ 범례

제어판	600 × 400mm	PBS₁	푸시 버튼 스위치(녹색)
TB	전원(단자대 4P)	PBS₂	푸시 버튼 스위치(적색)
T₁, T₂	타이머 8P	GL	파일럿 램프(녹색)
X₁	릴레이 8P	X₂	릴레이 8P

실습 과제 20	동작 검출 회로

■ 유의 사항

① 제어판 내의 기구배치는 도면에 준하되, 치수는 작업하기 알맞고 기구가 들어
　갈 수 있도록 간격을 유지하여 배치한다.

② 소켓(베이스) 홈이 아래로 향하게 배치하고, 소켓 번호에 유의하여 작업한다.

③ 범례와 제어판 안쪽의 가이드라인을 참고하여 회로를 구성한다.

④ 기구와 기구 사이에는 전선이 배선되지 않도록 주의한다.

⑤ 각 단자의 접속은 한 단자에 2선까지만 접속할 수 있다.

⑥ 단자에 접속된 전선의 피복이 단자에 물리거나 피복 제거 부분(동선)이 2mm 이상 보이지 않도
　록 주의한다.

⑦ 버튼의 색상, 램프의 색상 등 배치도를 따라 작품을 완성한다.

⑧ 컨트롤 박스 안에서 커버를 열고 닫을 때 전선이 단자에서 빠지지 않도록 넉넉한 길이로 재단하고
　램프나 버튼의 단자는 확실하게 단자 조임 후 커버를 닫는다.

⑨ 완성된 작품은 벨 테스터기를 활용하여 점검한다.

■ 동작 사항

① PBS$_1$을 누르는 시간이 타이머 T 설정 시간보다 길어질 경우 릴레이 X는 여자되고 램프 YL은 점
　등된다.

② PBS$_2$를 누르면 릴레이 X는 소자되고 YL은 소등된다.

■ 계전기 내부 결선도

8핀 릴레이 내부 결선도

타이머 내부 결선도

■ 회로도

■ 기구 배치도

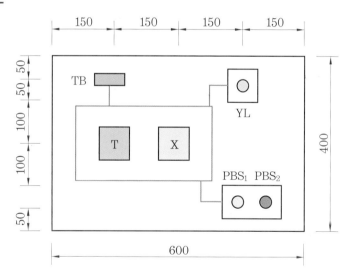

■ 범례

제어판	600×400mm	PBS₁	푸시 버튼 스위치(녹색)
TB	전원(단자대 4P)	PBS₂	푸시 버튼 스위치(적색)
T	타이머 8P	YL	파일럿 램프(황색)
X	릴레이 8P		

실습 과제 21 **선행 우선(인터로크) 회로**

■ 유의 사항

① 제어판 내의 기구배치는 도면에 준하되, 치수는 작업하기 알맞고 기구가 들어 갈 수 있도록 간격을 유지하여 배치한다.

② 소켓(베이스) 홈이 아래로 향하게 배치하고, 소켓 번호에 유의하여 작업한다.

③ 범례와 제어판 안쪽의 가이드라인을 참고하여 회로를 구성한다.

④ 기구와 기구 사이에는 전선이 배선되지 않도록 주의한다.

⑤ 각 단자의 접속은 한 단자에 2선까지만 접속할 수 있다.

⑥ 단자에 접속된 전선의 피복이 단자에 물리거나 피복 제거 부분(동선)이 2mm 이상 보이지 않도록 주의한다.

⑦ 버튼의 색상, 램프의 색상 등 배치도를 따라 작품을 완성한다.

⑧ 컨트롤 박스 안에서 커버를 열고 닫을 때 전선이 단자에서 빠지지 않도록 넉넉한 길이로 재단하고 램프나 버튼의 단자는 확실하게 단자 조임 후 커버를 닫는다.

⑨ 완성된 작품은 벨 테스터기를 활용하여 점검한다.

■ 동작 사항

① PBS_1을 누르면 릴레이 X_1이 여자되어 RL램프는 점등한다.

② PBS_2를 눌러도 릴레이 X_2는 여자되지 않는다.

③ PBS_0를 누르면 릴레이 X_1은 소자되고 RL램프는 소등 후 PBS_2를 누르면 릴레이 X_2는 여자되고 GL램프는 점등한다.

④ PBS_2를 눌러서 릴레이 X_2가 여자되어 있는 상태에서도 PBS_1을 누르면 릴레이 X_1은 여자되지 않는다.

⑤ PBS_0를 누르면 릴레이 X_1, X_2는 소자되고 회로는 초기화된다.

■ 계전기 내부 결선도

11핀 릴레이 내부 결선도

11핀 릴레이 소켓(베이스)

■ 회로도

■ 기구 배치도

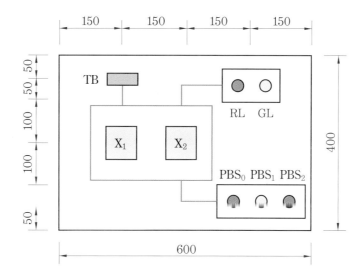

■ 범례

제어판	600 × 400mm	PBS₁	푸시 버튼 스위치(녹색)
TB	전원(단자대 4P)	PBS₂	푸시 버튼 스위치(적색)
X₁, X₂	릴레이 11P	RL	파일럿 램프(적색)
PBS₀	푸시 버튼 스위치(적색)	GL	파일럿 램프(녹색)

실습 과제 22   우선 동작 순차 회로

■ 유의 사항

① 제어판 내의 기구배치는 도면에 준하되, 치수는 작업하기 알맞고 기구가 들어갈 수 있도록 간격을 유지하여 배치한다.

② 소켓(베이스) 홈이 아래로 향하게 배치하고, 소켓 번호에 유의하여 작업한다.

③ 범례와 제어판 안쪽의 가이드라인을 참고하여 회로를 구성한다.

④ 기구와 기구 사이에는 전선이 배선되지 않도록 주의한다.

⑤ 각 단자의 접속은 한 단자에 2선까지만 접속할 수 있다.

⑥ 단자에 접속된 전선의 피복이 단자에 물리거나 피복 제거 부분(동선)이 2mm 이상 보이지 않도록 주의한다.

⑦ 버튼의 색상, 램프의 색상 등 배치도를 따라 작품을 완성한다.

⑧ 컨트롤 박스 안에서 커버를 열고 닫을 때 전선이 단자에서 빠지지 않도록 넉넉한 길이로 재단하고 램프나 버튼의 단자는 확실하게 단자 조임 후 커버를 닫는다.

⑨ 완성된 작품은 벨 테스터기를 활용하여 점검한다.

■ 동작 사항

① 릴레이 X_1이 여자되면 L_1이 점등, 릴레이 X_2가 여자되면 L_2가 점등, 릴레이 X_3가 여자되면 L_3가 점등, 릴레이 X_4가 여자되면 L_4가 점등된다.

② PBS_1, PBS_2, PBS_3 중 가장 먼저 누른 스위치에 의해 X_4의 릴레이가 여자된다. 이때 X_4의 릴레이에 의해 다른 버튼이 눌러도 버튼은 동작하지 않는다. 제일 먼저 누른 신호가 우선인 회로이다.

■ 계전기 내부 결선도

11핀 릴레이 내부 결선도

11핀 릴레이 소켓(베이스)

■ 회로도

■ 기구 배치도

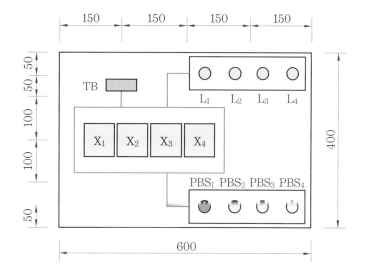

■ 범례

제어판	600×400mm	PBS₁, PBS₂, PBS₃	푸시 버튼 스위치(녹색)
TB	전원(단자대 4P)	PBS₀	푸시 버튼 스위치(적색)
X₁, X₂, X₃, X₄	릴레이 11P	L₁, L₂, L₃, L₄	파일럿 램프(황색)

실습 과제 23	신입 동작 우선 회로

■ 유의 사항

① 제어판 내의 기구배치는 도면에 준하되, 치수는 작업하기 알맞고 기구가 들어갈 수 있도록 간격을 유지하여 배치한다.

② 소켓(베이스) 홈이 아래로 향하게 배치하고, 소켓 번호에 유의하여 작업한다.

③ 범례와 제어판 안쪽의 가이드라인을 참고하여 회로를 구성한다.

④ 기구와 기구 사이에는 전선이 배선되지 않도록 주의한다.

⑤ 각 단자의 접속은 한 단자에 2선까지만 접속할 수 있다.

⑥ 단자에 접속된 전선의 피복이 단자에 물리거나 피복 제거 부분(동선)이 2mm 이상 보이지 않도록 주의한다.

⑦ 버튼의 색상, 램프의 색상 등 배치도를 따라 작품을 완성한다.

⑧ 컨트롤 박스 안에서 커버를 열고 닫을 때 전선이 단자에서 빠지지 않도록 넉넉한 길이로 재단하고 램프나 버튼의 단자는 확실하게 단자 조임 후 커버를 닫는다.

⑨ 완성된 작품은 벨 테스터기를 활용하여 점검한다.

■ 동작 사항

① 릴레이 X_1이 여자되면 L_1이 점등, 릴레이 X_2가 여자되면 L_2가 점등, 릴레이 X_3가 여자되면 L_3가 점등, 릴레이 X_4가 여자되면 L_4가 점등된다.

② PBS_1, PBS_2, PBS_3, PBS_4 중 누르는 버튼의 릴레이가 여자되는 신입 동작 우선 회로이다.

③ PBS_0를 누르면 모든 계전기는 소자되고 램프는 소등된다.

■ 계전기 내부 결선도

14핀 릴레이 내부 결선도

14핀 릴레이 소켓(베이스)

■ 회로도

■ 기구 배치도

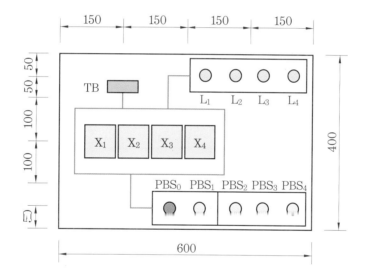

■ 범례

제어판	600×400mm	PBS_1, PBS_2, PBS_3, PBS_4	푸시 버튼 스위치(녹색)
TB	전원(단자대 4P)	PBS_0	푸시 버튼 스위치(적색)
X_1, X_2, X_3, X_4	릴레이 14P	L_1, L_2, L_3, L_4	파일럿 램프(황색)

실습 과제 24 　　　　　　　　순위별 우선 회로

■ 유의 사항

① 제어판 내의 기구배치는 도면에 준하되, 치수는 작업하기 알맞고 기구가 들어갈 수 있도록 간격을 유지하여 배치한다.

② 소켓(베이스) 홈이 아래로 향하게 배치하고, 소켓 번호에 유의하여 작업한다.

③ 범례와 제어판 안쪽의 가이드라인을 참고하여 회로를 구성한다.

④ 기구와 기구 사이에는 전선이 배선되지 않도록 주의한다.

⑤ 각 단자의 접속은 한 단자에 2선까지만 접속할 수 있다.

⑥ 단자에 접속된 전선의 피복이 단자에 물리거나 피복 제거 부분(동선)이 2mm 이상 보이지 않도록 주의한다.

⑦ 버튼의 색상, 램프의 색상 등 배치도를 따라 작품을 완성한다.

⑧ 컨트롤 박스 안에서 커버를 열고 닫을 때 전선이 단자에서 빠지지 않도록 넉넉한 길이로 재단하고 램프나 버튼의 단자는 확실하게 단자 조임 후 커버를 닫는다.

⑨ 완성된 작품은 벨 테스터기를 활용하여 점검한다.

■ 동작 사항

① 릴레이 X_1이 여자되면 L_1이 점등, 릴레이 X_2가 여자되면 L_2가 점등, 릴레이 X_3가 여자되면 L_3가 점등, 릴레이 X_4가 여자되면 L_4가 점등된다.

② PBS_1을 누르면 X_1은 여자되고 이때 PBS_2, PBS_3, PBS_4를 누르면 해당 릴레이는 여자되지 않는다. PBS_0을 눌러 모두 소자시키고 PBS_3를 누르면 X_3는 여자된다. 이때 PBS_4를 누르면 X_4는 여자되지 않으며, PBS_2를 누르면 릴레이 X_3는 소자되고 릴레이 X_2는 여자된다. 이러한 회로를 순위별 우선 회로라 한다.

③ PBS_0을 누르면 모든 계전기는 소자되고 램프는 소등된다.

■ 계전기 내부 결선도

14핀 릴레이 내부 결선도

14핀 릴레이 소켓(베이스)

■ 회로도

■ 기구 배치도

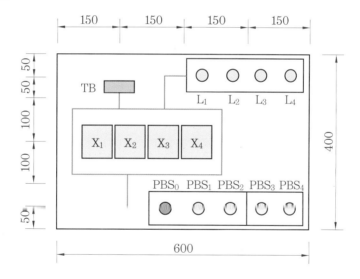

■ 범례

제어판	600×400mm	PBS_1, PBS_2, PBS_3, PBS_4	푸시 버튼 스위치(녹색)
TB	전원(단자대 4P)	L_1, L_2, L_3, L_4	파일럿 램프(황색)
X_1, X_2, X_3, X_4	릴레이 14P	PBS_0	푸시 버튼 스위치(적색)

실습 과제 25   3상 유도 전동기 직입 기동 회로(1)

■ 유의 사항

① 제어판 내의 기구배치는 도면에 준하되, 치수는 작업하기 알맞고 기구가 들어갈 수 있도록 간격을 유지하여 배치한다.

② 소켓(베이스) 홈이 아래로 향하게 배치하고, 소켓 번호에 유의하여 작업한다.

③ 범례와 제어판 안쪽의 가이드라인을 참고하여 회로를 구성한다.

④ 기구와 기구 사이에는 전선이 배선되지 않도록 주의한다.

⑤ 각 단자의 접속은 한 단자에 2선까지만 접속할 수 있다.

⑥ 단자에 접속된 전선의 피복이 단자에 물리거나 피복 제거 부분(동선)이 2mm 이상 보이지 않도록 주의한다.

⑦ 버튼의 색상, 램프의 색상 등 배치도를 따라 작품을 완성한다.

⑧ 컨트롤 박스 안에서 커버를 열고 닫을 때 전선이 단자에서 빠지지 않도록 넉넉한 길이로 재단하고 램프나 버튼의 단자는 확실하게 단자 조임 후 커버를 닫는다.

⑨ 완성된 작품은 벨 테스터기를 활용하여 점검한다.

■ 동작 사항

① 전원을 투입하면 EOCR에 전원이 공급되고 GL이 점등된다.

② PBS$_1$을 누르면 GL이 소등되고, MC는 여자되어 RL은 점등, 전동기는 회전한다.

③ PBS$_2$를 누르면 MC는 소자되어, RL은 소등, 전동기는 정지하고 GL은 점등한다.

④ 전동기가 회전 중 EOCR이 동작하면 전동기는 정지하고 YL은 점등한다.

■ 계전기 내부 결선도

EOCR 내부 결선도

MC 내부 결선도

■ 회로도

■ 기구 배치도

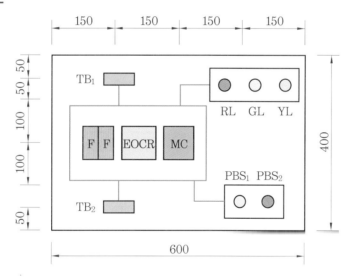

■ 범례

제어판	600×400mm	PBS₁	푸시 버튼 스위치(녹색)
TB₁, TB₂	전원(단자대 4P)	PBS₂	푸시 버튼 스위치(적색)
FF	퓨즈 홀더 2P	EOCR	12P 원형
MC	파워 릴레이 12P	RL	파일럿 램프(적색)
GL	파일럿 램프(녹색)	YL	파일럿 램프(황색)

3상 유도 전동기 직입 기동 회로(2)

■ 유의 사항

① 제어판 내의 기구배치는 도면에 준하되, 치수는 작업하기 알맞고 기구가 들어갈 수 있도록 간격을 유지하여 배치한다.

② 소켓(베이스) 홈이 아래로 향하게 배치하고, 소켓 번호에 유의하여 작업한다.

③ 범례와 제어판 안쪽의 가이드라인을 참고하여 회로를 구성한다.

④ 기구와 기구 사이에는 전선이 배선되지 않도록 주의한다.

⑤ 각 단자의 접속은 한 단자에 2선까지만 접속할 수 있다.

⑥ 단자에 접속된 전선의 피복이 단자에 물리거나 피복 제거 부분(동선)이 2mm 이상 보이지 않도록 주의한다.

⑦ 버튼의 색상, 램프의 색상 등 배치도를 따라 작품을 완성한다.

⑧ 컨트롤 박스 안에서 커버를 열고 닫을 때 전선이 단자에서 빠지지 않도록 넉넉한 길이로 재단하고 램프나 버튼의 단자는 확실하게 단자 조임 후 커버를 닫는다.

⑨ 완성된 작품은 벨 테스터기를 활용하여 점검한다.

■ 동작 사항

① 전원을 투입하면 EOCR에 전원이 공급되고 GL이 점등된다.

② PBS$_1$을 누르면 GL이 소등되고, MC는 여자되어 RL은 점등, 전동기는 회전한다.

③ PBS$_2$를 누르면 MC는 소자되어, RL은 소등, 전동기는 정지하고 GL은 점등한다.

④ 전동기가 회전 중 EOCR이 동작하면 전동기는 정지하고 FR이 여자되어 YL과 BZ가 설정된 시간으로 교번하며 동작한다.

■ 계전기 내부 결선도

EOCR 내부 결선도

MC 내부 결선도

FR 내부 결선도

■ 회로도

■ 기구 배치도

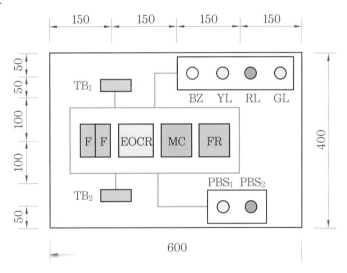

■ 범례

제어판	600×400mm	PBS₁	푸시 버튼 스위치(녹색)
TB₁, TB₂	전원(단자대 4P)	PBS₂	푸시 버튼 스위치(적색)
FF	퓨즈 홀더 2P	EOCR	12P 원형
MC	파워 릴레이 12P	FR	8P
BZ	버저	RL	파일럿 램프(적색)
GL	파일럿 램프(녹색)	YL	파일럿 램프(황색)

실습 과제 27 | **3상 유도 전동기 정·역 회로**

■ 유의 사항

① 제어판 내의 기구배치는 도면에 준하되, 치수는 작업하기 알맞고 기구가 들어갈 수 있도록 간격을 유지하여 배치한다.

② 소켓(베이스) 홈이 아래로 향하게 배치하고, 소켓 번호에 유의하여 작업한다.

③ 범례와 제어판 안쪽의 가이드라인을 참고하여 회로를 구성한다.

④ 기구와 기구 사이에는 전선이 배선되지 않도록 주의한다.

⑤ 각 단자의 접속은 한 단자에 2선까지만 접속할 수 있다.

⑥ 단자에 접속된 전선의 피복이 단자에 물리거나 피복 제거 부분(동선)이 2mm 이상 보이지 않도록 주의한다.

⑦ 버튼의 색상, 램프의 색상 등 배치도를 따라 작품을 완성한다.

⑧ 컨트롤 박스 안에서 커버를 열고 닫을 때 전선이 단자에서 빠지지 않도록 넉넉한 길이로 재단하고 램프나 버튼의 단자는 확실하게 단자 조임 후 커버를 닫는다.

⑨ 완성된 작품은 벨 테스터기를 활용하여 점검한다.

■ 동작 사항

① 전원을 투입하면 EOCR에 전원이 공급된다.

② PBS_1을 누르면 MC_1은 여자되어 RL은 점등, 전동기는 정회전한다.

③ PBS_0를 누르면 MC_1은 소자되어 RL은 소등, 전동기는 정지한다.

④ PBS_2를 누르면 MC_2는 여자되어 GL은 점등, 전동기는 역회전한다.

⑤ PBS_0를 누르면 MC_2는 소자되어, GL은 소등, 전동기는 정지한다.

⑥ 전동기가 회전 중 EOCR이 동작하면 전동기는 정지하고, FR이 여자되어 YL과 BZ가 설정된 시간으로 교번하며 동작한다.

■ 계전기 내부 결선도

EOCR 내부 결선도

MC 내부 결선도

FR 내부 결선도

■ 회로도

■ 기구 배치도

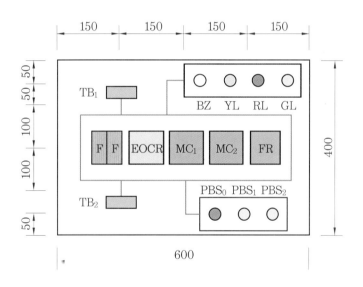

■ 범례

제어판	600×400mm	PBS$_0$	푸시 버튼 스위치(적색)
TB$_1$, TB$_2$	전원(단자대 4P)	PBS$_1$, PBS$_2$	푸시 버튼 스위치(녹색)
FF	퓨즈 홀더 2P	EOCR	12P 원형
MC	파워 릴레이 12P	FR	8P
BZ	버저	RL	파일럿 램프(적색)
GL	파일럿 램프(녹색)	YL	파일럿 램프(황색)

3상 유도전동기 원버튼 제어 회로

■ 유의 사항

① 제어판 내의 기구배치는 도면에 준하되, 치수는 작업하기 알맞고 기구가 들어갈 수 있도록 간격을 유지하여 배치한다.

② 소켓(베이스) 홈이 아래로 향하게 배치하고, 소켓 번호에 유의하여 작업한다.

③ 범례와 제어판 안쪽의 가이드라인을 참고하여 회로를 구성한다.

④ 기구와 기구 사이에는 전선이 배선되지 않도록 주의한다.

⑤ 각 단자의 접속은 한 단자에 2선까지만 접속할 수 있다.

⑥ 단자에 접속된 전선의 피복이 단자에 물리거나 피복 제거 부분(동선)이 2mm 이상 보이지 않도록 주의한다.

⑦ 버튼의 색상, 램프의 색상 등 배치도를 따라 작품을 완성한다.

⑧ 컨트롤 박스 안에서 커버를 열고 닫을 때 전선이 단자에서 빠지지 않도록 넉넉한 길이로 재단하고 램프나 버튼의 단자는 확실하게 단자 조임 후 커버를 닫는다.

⑨ 완성된 작품은 벨 테스터기를 활용하여 점검한다.

■ 동작 사항

① 전원을 투입하면 EOCR에 전원이 공급되고 GL램프는 점등된다.

② PBS를 누르면 GL이 소등되고, X_1이 여자되어 RL은 점등, MC는 여자되고 전동기는 회전한다.

③ PBS를 한번 더 누르면 X_1이 소자되어 RL은 소등, MC는 소자되고 전동기는 정지하며 GL은 점등한다.

④ 전동기가 회전 중 EOCR이 동작하면 전동기는 정지하고 BZ는 작동한다.

■ 계전기 내부 결선도

EOCR 내부 결선도MC 내부 결선도8핀 릴레이 내부 결선도

■ **회로도**

■ **기구 배치도**

Δ형   R형

■ **범례**

제어판	600×400mm	PBS	푸시 버튼 스위치(적색)
TB₁, TB₂	전원(단자대 4P)	EOCR	12P 원형
FF	퓨즈 홀더 2P	X	릴레이 8P
MC	파워 릴레이 12P	RL	파일럿 램프(적색)
BZ	버저		
GL	파일럿 램프(녹색)		

3상 유도전동기 Y-Δ 제어 회로

■ 유의 사항

① 제어판 내의 기구배치는 도면에 준하되, 치수는 작업하기 알맞고 기구가 들어갈 수 있도록 간격을 유지하여 배치한다.

② 소켓(베이스) 홈이 아래로 향하게 배치하고, 소켓 번호에 유의하여 작업한다.

③ 범례와 제어판 안쪽의 가이드라인을 참고하여 회로를 구성한다.

④ 기구와 기구 사이에는 전선이 배선되지 않도록 주의한다.

⑤ 각 단자의 접속은 한 단자에 2선까지만 접속할 수 있다.

⑥ 단자에 접속된 전선의 피복이 단자에 물리거나 피복 제거 부분(동선)이 2mm 이상 보이지 않도록 주의한다.

⑦ 버튼의 색상, 램프의 색상 등 배치도를 따라 작품을 완성한다.

⑧ 컨트롤 박스 안에서 커버를 열고 닫을 때 전선이 단자에서 빠지지 않도록 넉넉한 길이로 재단하고 램프나 버튼의 단자는 확실하게 단자 조임 후 커버를 닫는다.

⑨ 완성된 작품은 벨 테스터기를 활용하여 점검한다.

■ 동작 사항

① 전원을 투입하면 EOCR에 전원이 공급된다.

② 기동 스위치 PBS_1을 누르면 MC_1이 여자되고, 타이머 T가 여자되어 일정 시간 동안 MC_2가 여자, RL이 점등, Y결선으로 전동기가 기동된다.

③ 타이머의 일정시간 후에는 RL이 소등, MC_2가 소자되고 MC_3가 여자, GL이 점등, Δ 결선으로 전동기가 운전된다.

④ MC_2와 MC_3가 동시에 동작되는 것을 방지하기 위해 인터로크 회로를 구성한다.

⑤ 전동기가 회전 중 EOCR이 동작하면 전동기는 정지하고 BZ는 작동한다.

■ 계전기 내부 결선도

EOCR 내부 결선도

MC 내부 결선도

8핀 릴레이 내부 결선도

■ 회로도

■ 기구 배치도

A형

R형

■ 범례

제어판	600×400mm	PBS₀	푸시 버튼 스위치(적색)
TB₁, TB₂, TB₃	전원(단자대 4P)	PBS₁	푸시 버튼 스위치(녹색)
FF	퓨즈 홀더 2P	EOCR	12P 원형
MC	파워 릴레이 12P	T	타이머 8P
X	릴레이 8P	RL	파일럿 램프(적색)
GL	파일럿 램프(녹색)	BZ	버저

실습 과제 30	자동 양수 제어 회로

■ 유의 사항

① 제어판 내의 기구배치는 도면에 준하되, 치수는 작업하기 알맞고 기구가 들어갈 수 있도록 간격을 유지하여 배치한다.
② 소켓(베이스) 홈이 아래로 향하게 배치하고, 소켓 번호에 유의하여 작업한다.
③ 범례와 제어판 안쪽의 가이드라인을 참고하여 회로를 구성한다.
④ 기구와 기구 사이에는 전선이 배선되지 않도록 주의한다.
⑤ 각 단자의 접속은 한 단자에 2선까지만 접속할 수 있다.
⑥ 단자에 접속된 전선의 피복이 단자에 물리거나 피복 제거 부분(동선)이 2mm 이상 보이지 않도록 주의한다.
⑦ 버튼의 색상, 램프의 색상 등 배치도를 따라 작품을 완성한다.
⑧ 컨트롤 박스 안에서 커버를 열고 닫을 때 전선이 단자에서 빠지지 않도록 넉넉한 길이로 재단하고 램프나 버튼의 단자는 확실하게 단자 조임 후 커버를 닫는다.
⑨ 실렉터 스위치는 화살표 방향이 위로 가도록 배치하고 왼쪽 11시 방향 수동, 오른쪽 1시 방향 자동으로 위치시킨다.

■ 동작 사항

① 전원을 투입하면 EOCR에 전원이 공급되고 GL램프는 점등한다.
② 실렉터 스위치를 수동(Man)으로 놓고 기동 스위치 PBS_1을 누르면 릴레이 X가 여자되어 MC 여자, RL 점등, 펌프는 동작한다. 정지 스위치 PBS_0를 누르면 펌프는 정지한다.
③ 실렉터 스위치를 자동(Auto)으로 놓으면 리밋 스위치 LS-H, LS-L가 동작할 때 X가 여자되고 MC 여자, RL 점등, 펌프는 동작한다. LS-H가 열리면 펌프가 정지하는 자동 양수 제어 회로이다.
④ 펌프가 회전 중 EOCR이 동작하면 전동기는 정지하고 BZ는 작동한다.

■ 계전기 내부 결선도

EOCR 내부 결선도

MC 내부 결선도

11핀 릴레이 내부 결선도

■ 회로도

■ 기구 배치도

A형

B형

■ 범례

제어판	600×400mm	PBS₀	푸시 버튼 스위치(적색)
TB₁, TB₂, TB₃	단자대 4P	PBS₁	푸시 버튼 스위치(녹색)
FF	퓨즈 홀더 2P	SS	실렉터 스위치 3단
MC	파워 릴레이 12P	X	릴레이 11P
EOCR	12P 원형	RL	파일럿 램프(적색)
GL	파일럿 램프(녹색)	BZ	버저
LS−H, LS−L	TB₃	TB₄	단자대 10P

| 실습 과제 31 | 급수 제어 회로 |

■ 유의 사항

① 제어판 내의 기구배치는 도면에 준하되, 치수는 작업하기 알맞고 기구가 들어갈 수 있도록 간격을 유지하여 배치한다.

② 소켓(베이스) 홈이 아래로 향하게 배치하고, 소켓 번호에 유의하여 작업한다.

③ 범례와 제어판 안쪽의 가이드라인을 참고하여 회로를 구성한다.

④ 기구와 기구 사이에는 전선이 배선되지 않도록 주의한다.

⑤ 각 단자의 접속은 한 단자에 2선까지만 접속할 수 있다.

⑥ 단자에 접속된 전선의 피복이 단자에 물리거나 피복 제거 부분(동선)이 2mm 이상 보이지 않도록 주의한다.

⑦ 버튼의 색상, 램프의 색상 등 배치도를 따라 작품을 완성한다.

⑧ 컨트롤 박스 안에서 커버를 열고 닫을 때 전선이 단자에서 빠지지 않도록 넉넉한 길이로 재단하고 램프나 버튼의 단자는 확실하게 단자 조임 후 커버를 닫는다.

⑨ 실렉터 스위치는 화살표 방향이 위로 가도록 배치하고 왼쪽 11시 방향 수동, 오른쪽 1시 방향 자동으로 위치시킨다.

■ 동작 사항

① 전원을 투입하면 EOCR에 전원이 공급된다.

② 실렉터 스위치 SS가 수동(Man)으로 놓으면 GL은 점등한다. SS가 수동상태에서 PBS_1을 누르면 X 여자, MC 여자, 펌프 동작한다. PBS_0를 누르면 X 소자, MC 소자, 펌프는 정지한다.

③ 실렉터 스위치를 자동(Auto)으로 놓으면 RL램프는 점등하고 MC는 여자되어 펌프는 동작한다. (E_1, E_2, E_3가 물에 잠기면) MC 소자 펌프는 정지한다. 물탱크에 물이 빠지면(E_1, E_2, E_3에 물이 빠지면) MC는 여자되고 펌프는 동작한다.

④ 펌프가 회전 중 EOCR이 동작하면 전동기는 정지하고 BZ는 작동한다.

■ 계전기 내부 결선도

MC 내부 결선도

11핀 릴레이 내부 결선도

FLS 내부 결선도

■ 회로도

■ 기구 배치도

A형

B형

■ 범례

제어판	600×400mm	PBS₀	푸시 버튼 스위치(적색)
TB₁, TB₂, TB₃	단자대 4P	PBS₁	푸시 버튼 스위치(녹색)
FF	퓨즈 홀더 2P	SS	실렉터 스위치 3단
MC	파워 릴레이 12P	RL	파일럿 램프(적색)
EOCR	12P 원형	BZ	버저
X	릴레이 11P	TB₄	단자대 10P
GL	파일럿 램프(적색)	FLS	플로트리스 스위치

실습 과제 32   컨베이어 제어 회로

■ 유의 사항

① 제어판 내의 기구배치는 도면에 준하되, 치수는 작업하기 알맞고 기구가 들어갈 수 있도록 간격을 유지하여 배치한다.

② 소켓(베이스) 홈이 아래로 향하게 배치하고, 소켓 번호에 유의하여 작업한다.

③ 범례와 제어판 안쪽의 가이드라인을 참고하여 회로를 구성한다.

④ 기구와 기구 사이에는 전선이 배선되지 않도록 주의한다.

⑤ 각 단자의 접속은 한 단자에 2선까지만 접속할 수 있다.

⑥ 단자에 접속된 전선의 피복이 단자에 물리거나 피복 제거 부분(동선)이 2mm 이상 보이지 않도록 주의한다.

⑦ 버튼의 색상, 램프의 색상 등 배치도를 따라 작품을 완성한다.

⑧ 컨트롤 박스 안에서 커버를 열고 닫을 때 전선이 단자에서 빠지지 않도록 넉넉한 길이로 재단하고 램프나 버튼의 단자는 확실하게 단자 조임 후 커버를 닫는다.

⑨ 완성된 작품은 벨 테스터기를 활용하여 점검한다.

■ 동작 사항

① 전원을 투입하면 EOCR에 전원이 공급된다.

② 기동 스위치 PBS_1을 누르면 RL은 점등하고, MC가 여자되어 전동기가 회전하며 컨베이어가 움직인다.

③ 컨베이어가 동작하여 도그가 LS_1에 도착하면 전동기가 정지하면서 타이머가 동작한다. 타이머의 일정 시간 후 GL은 점등하고 릴레이 X가 여자되어 전동기가 회전하고 LS-1이 복귀되며 타이머 T가 소자된다.

④ 도그가 LS_2에 도착하면 릴레이 X는 소자되고 GL은 소등되어 원래의 상태로 되돌아간다.

⑤ 컨베이어가 동작 중 EOCR이 동작하면 컨베이어는 정지하고 BZ는 작동한다.

■ 계전기 내부 결선도

EOCR 내부 결선도

MC 내부 결선도

8핀 릴레이 내부 결선도

■ 회로도

■ 기구 배치도

A형

B형

■ 범례

제어판	600×400mm	PBS₀	푸시 버튼 스위치(적색)
TB₁, TB₂, TB₃, TB₄	전원(단자대 4P)	PBS₁	푸시 버튼 스위치(녹색)
FF	퓨즈 홀더 2P	T	타이머 8P
MC	파워 릴레이 12P	X	릴레이 8P
EOCR	12P 원형	RL	파일럿 램프(적색)
GL	파일럿 램프(녹색)	BZ	버저
TB₅	단자대 10P		

실습 과제 33   리프트 자동 반전 제어 회로

■ 유의 사항

① 제어판 내의 기구배치는 도면에 준하되, 치수는 작업하기 알맞고 기구가 들어갈 수 있도록 간격을 유지하여 배치한다.

② 소켓(베이스) 홈이 아래로 향하게 배치하고, 소켓 번호에 유의하여 작업한다.

③ 범례와 제어판 안쪽의 가이드라인을 참고하여 회로를 구성한다.

④ 기구와 기구 사이에는 전선이 배선되지 않도록 주의한다.

⑤ 각 단자의 접속은 한 단자에 2선까지만 접속할 수 있다.

⑥ 단자에 접속된 전선의 피복이 단자에 물리거나 피복 제거 부분(동선)이 2mm 이상 보이지 않도록 주의한다.

⑦ 버튼의 색상, 램프의 색상 등 배치도를 따라 작품을 완성한다.

⑧ 컨트롤 박스 안에서 커버를 열고 닫을 때 전선이 단자에서 빠지지 않도록 넉넉한 길이로 재단하고 램프나 버튼의 단자는 확실하게 단자 조임 후 커버를 닫는다.

⑨ 완성된 작품은 벨 테스터기를 활용하여 점검한다.

■ 동작 사항

① 전원을 투입하면 EOCR에 전원이 공급된다.

② 정방향 기동 스위치 PBS_1을 누르면 MC_1이 여자, RL이 점등되어 전동기가 정방향으로 회전하여 리프트가 상승한다.

③ 리프트가 동작하여 도그가 LS_2에 도착하면 MC_1이 소자, RL이 소등되어 전동기가 정지하고 LS_2에 의해 타이머 T_1가 동작하여 일정 시간 후 MC_2가 여자되어 전동기가 역방향으로 회전하여 리프트가 반대로 하강한다.

④ 리프트가 동작하여 도그가 LS_1에 도착하면 MC_2가 소자되어 전동기가 정지하고 LS_1에 의해 T_2이 동작하여 일정시간 후 MC_1이 여자되어 전동기가 정회전하며 리프트가 자동적으로 반전되면서 상하 동작을 반복한다.

⑤ 리프트가 동작 중 EOCR이 동작하면 리프트는 정지하고 BZ는 작동한다.

■ 계전기 내부 결선도

EOCR 내부 결선도

MC 내부 결선도

타이머 내부 결선도

■ 회로도

■ 기구 배치도

A형   B형

■ 범례

제어판	600×400mm	PBS₀	푸시 버튼 스위치(적색)
TB₁, TB₂, TB₃, TB₄	전원(단자대 4P)	PBS₁, PBS₂	푸시 버튼 스위치(녹색)
FF	퓨즈 홀더 2P	EOCR	12P 원형
MC	파워 릴레이 12P	T	타이머 8P
GL	파일럿 램프(녹색)	RL	파일럿 램프(적색)
TB₅	단자대 10P	BZ	버저

실습 과제 34   전동기 자동, 수동 제어 회로

■ 유의 사항

① 제어판 내의 기구배치는 도면에 준하되, 치수는 작업하기 알맞고 기구가 들어갈 수 있도록 간격을 유지하여 배치한다.

② 소켓(베이스) 홈이 아래로 향하게 배치하고, 소켓 번호에 유의하여 작업한다.

③ 범례와 제어판 안쪽의 가이드라인을 참고하여 회로를 구성한다.

④ 기구와 기구 사이에는 전선이 배선되지 않도록 주의한다.

⑤ 각 단자의 접속은 한 단자에 2선까지만 접속할 수 있다.

⑥ 단자에 접속된 전선의 피복이 단자에 물리거나 피복 제거 부분(동선)이 2mm 이상 보이지 않도록 주의한다.

⑦ 버튼의 색상, 램프의 색상 등 배치도를 따라 작품을 완성한다.

⑧ 컨트롤 박스 안에서 커버를 열고 닫을 때 전선이 단자에서 빠지지 않도록 넉넉한 길이로 재단하고 램프나 버튼의 단자는 확실하게 단자 조임 후 커버를 닫는다.

⑨ 실렉터 스위치는 화살표 방향이 위로 가도록 배치하고 왼쪽 11시 방향 수동, 오른쪽 1시 방향 자동으로 위치시킨다.

■ 동작 사항

① 전원을 투입하면 EOCR에 전원이 공급된다.

② 실렉터 스위치 SS 수동(Man)에서 PBS_1을 누르면 RL이 점등, MC는 여자되어 전동기가 회전한다. PBS_0을 누르면 RL이 소등, MC가 소자, 전동기 정지한다.

③ 실렉터 스위치 SS 자동(Auto)에서 PBS_2를 누르면 GL이 점등, 타이머 T 여자, 릴레이 X여자, MC가 여자되어 전동기는 회전한다. 타이머 T의 설정된 시간 후 X소자, MC소자, 전동기는 정지한다.

④ 전동기가 동작 중 EOCR이 동작하면 전동기는 정지하고 BZ는 작동한다.

■ 계전기 내부 결선도

EOCR 내부 결선도

MC 내부 결선도

타이머 내부 결선도

■ 회로도

■ 기구 배치도

A형　　　　　　　　　　　B형

■ 범례

제어판	600×400mm	PBS$_0$	푸시 버튼 스위치(적색)
TB$_1$, TB$_2$	단자대 4P	PBS$_1$, PBS$_2$	푸시 버튼 스위치(녹색)
FF	퓨즈 홀더 2P	SS	실렉터 스위치 2단
MC	파워 릴레이 12P	EOCR	12P 원형
X	릴레이 8P	RL	파일럿 램프(적색)
GL	파일럿 램프(녹색)	BZ	버저
		TB$_5$	단자대 10P

실습 과제 35 　　　　　　　　 건조로 제어 회로

■ 유의 사항

① 제어판 내의 기구배치는 도면에 준하되, 치수는 작업하기 알맞고 기구가 들어갈 수 있도록 간격을 유지하여 배치한다.

② 소켓(베이스) 홈이 아래로 향하게 배치하고, 소켓 번호에 유의하여 작업한다.

③ 범례와 제어판 안쪽의 가이드라인을 참고하여 회로를 구성한다.

④ 기구와 기구 사이에는 전선이 배선되지 않도록 주의한다.

⑤ 각 단자의 접속은 한 단자에 2선까지만 접속할 수 있다.

⑥ 단자에 접속된 전선의 피복이 단자에 물리거나 피복 제거 부분(동선)이 2mm 이상 보이지 않도록 주의한다.

⑦ 버튼의 색상, 램프의 색상 등 배치도를 따라 작품을 완성한다.

⑧ 컨트롤 박스 안에서 커버를 열고 닫을 때 전선이 단자에서 빠지지 않도록 넉넉한 길이로 재단하고 램프나 버튼의 단자는 확실하게 단자 조임 후 커버를 닫는다.

⑨ 실렉터 스위치는 화살표 방향이 위로 가도록 배치하고 왼쪽 11시 방향 수동, 오른쪽 1시 방향 자동으로 위치시킨다.

■ 동작 사항

① 전원을 투입하면 EOCR에 전원이 공급되고 YL램프는 점등된다.

② 실렉터 SS를 ON하면 GL램프는 점등한다.

③ 일정 온도가 되면 온도계전기가 동작되어 릴레이 X가 여자되고 MC_1이 여자되어 전동기가 기동하며 GL램프도 소등된다. 타이머의 설정시간이 되면 MC_2가 여자되어 히터가 동작한다. 다시 일정 온도가 되면 온도계전기가 복귀되어 전동기가 정지되고 히터도 정지된다.

④ 전동기 기동시에는 RL은 점등, 히터 동작시에는 WL은 점등, 정지 시 GL등이 점등된다. 히터 정지시에는 YL이 점등된다.

⑤ 전동기, 히터가 동작 중 EOCR이 동작하면 전동기, 히터는 정지하고 BZ는 작동한다.

■ 계전기 내부 결선도

8핀 릴레이 내부 결선도

온도릴레이 TC 내부 결선도

■ 회로도

■ 기구 배치도

A형	B형

■ 범례

제어판	600×400mm	SS	실렉터 스위치 2단
TB₁, TB₂, TB₃, TB₄	단자대 4P	EOCR	12P 원형
FF	퓨즈 홀더 2P	TC	온도계전기 8P
MC	파워 릴레이 12P	RL	파일럿 램프(적색)
T	타이머 8P	BZ	버저
X	릴레이 8P	GL	파일럿 램프(녹색)
TB₅	단자대 6P		

실습 과제 36 　SR 릴레이를 이용한 전동기 제어 회로

■ 유의 사항

① 제어판 내의 기구배치는 도면에 준하되, 치수는 작업하기 알맞고 기구가 들어갈 수 있도록 간격을 유지하여 배치한다.

② 소켓(베이스) 홈이 아래로 향하게 배치하고, 소켓 번호에 유의하여 작업한다.

③ 범례와 제어판 안쪽의 가이드라인을 참고하여 회로를 구성한다.

④ 기구와 기구 사이에는 전선이 배선되지 않도록 주의한다.

⑤ 각 단자의 접속은 한 단자에 2선까지만 접속할 수 있다.

⑥ 단자에 접속된 전선의 피복이 단자에 물리거나 피복 제거 부분(동선)이 2mm 이상 보이지 않도록 주의한다.

⑦ 버튼의 색상, 램프의 색상 등 배치도를 따라 작품을 완성한다.

⑧ 컨트롤 박스 안에서 커버를 열고 닫을 때 전선이 단자에서 빠지지 않도록 넉넉한 길이로 재단하고 램프나 버튼의 단자는 확실하게 단자 조임 후 커버를 닫는다.

⑨ 완성된 작품은 벨 테스터기를 활용하여 점검한다.

■ 동작 사항

① 전원을 투입하면 EOCR에 전원이 공급되고, L_1은 점멸하고, L_3는 점등한다.

② SR릴레이 SET 스위치를 누르면 L_4가 점등되고, PBS_1을 누르면 MC가 여자되어 전동기가 기동되며 L_2가 점등, 타이머 T가 여자, 설정시간 후 MC는 소자되어 전동기는 정지되고 L_2가 소등된다. 전동기 기동 중 PBS_0를 누르면 전동기는 정지한다.

③ SR릴레이 RESET 스위치를 누르면 L_3가 점등되고, FR_2가 여자되어 L_1이 설정 시간 간격으로 점멸되어 경보한다.

④ 전동기 동작 중 EOCR이 동작하면 전동기는 정지하고 FR_1이 여자되어 BZ가 설정 시간 간격으로 경보한다.

■ 계전기 내부 결선도

FR 내부 결선도

SR 릴레이 내부 결선도

■ 회로도

■ 기구 배치도

A형   B형

■ 빔테

제어판	600×400mm	EOCR	12P 원형
TB$_1$, TB$_2$	전원(단자대 4P)	SR	12P
FF	퓨즈 홀더 2P	T	타이머 8P
MC	파워 릴레이 12P	SET/RST	푸시 버튼 스위치(적색)
FR	플리커 8P	RL	파일럿 램프(적색)
BZ	버저	YL	파일럿 램프(황색)
GL	파일럿 램프(녹색)	TB$_3$	단자대 16P
PBS$_0$	푸시 버튼 스위치(적색)	L$_1$, L$_3$	적색 램프
PBS$_1$	푸시 버튼 스위치(녹색)	L$_2$, L$_4$	녹색 램프

연습 문제

연습 문제 1   ON 우선 동작 회로

■ 회로도

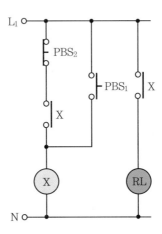

---

1. 회로도를 참고하여 논리식을 작성하시오.

    $X=$

---

2. 논리식을 참고하여 논리 회로를 구성하시오.

---

3. 회로도의 동작 사항을 파악하고 타임 차트를 작성하시오.

연습 문제 2	OFF 우선 동작 회로

■ 회로도

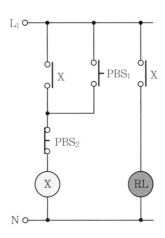

1. 회로도를 참고하여 논리식을 작성하시오.

  $X =$

2. 논리식을 참고하여 논리 회로를 구성하시오.

3. 회로도의 동작 사항을 파악하고 타임 차트를 작성하시오.

| 연습 문제 3 | 2중 코일 회로 |

■ 회로도

1. 회로도를 참고하여 논리식을 작성하시오.

   $X=$

2. 논리식을 참고하여 논리 회로를 구성하시오.

3. 회로도의 동작 사항을 파악하고 타임 차트를 작성하시오.

PBS₁

PBS₂

X₁

X₂

RL

연습 문제 4	쌍안정 회로

■ 회로도

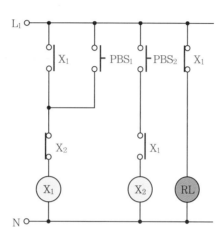

1. 회로도를 참고하여 논리식을 작성하시오.

$X=$

2. 논리식을 참고하여 논리 회로를 구성하시오.

3. 회로도의 동작 사항을 파악하고 타임 차트를 작성하시오.

| 연습 문제 5 | OFF 우선 회로의 2개소 기동 · 정지 회로 |

■ **회로도**

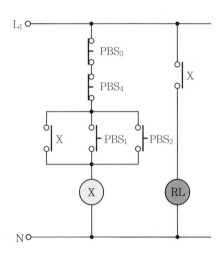

1. 회로도를 참고하여 논리식을 작성하시오.

   $X=$

2. 논리식을 참고하여 논리 회로를 구성하시오.

3. 회로도의 동작 사항을 파악하고 타임 차트를 작성하시오.

PBS₁

PBS₂

PBS₃

PBS₄

X

RL

연습 문제 8　ON 우선 인칭 회로

■ 회로도

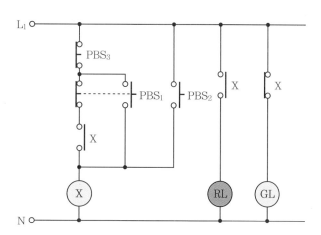

---

1. 회로도를 참고하여 논리식을 작성하시오.

   $X=$

---

2. 논리식을 참고하여 논리 회로를 구성하시오.

---

3. 회로도의 동작 사항을 파악하고 타임 차트를 작성하시오.

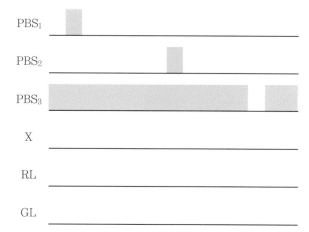

| 연습 문제 9 | 논리곱(AND) 회로 |

■ 회로도

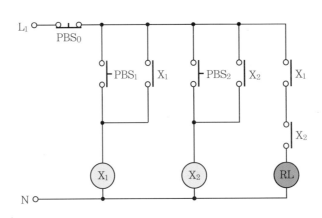

1. 회로도를 참고하여 논리식을 작성하시오.

$X_1 =$

$X_2 =$

$RL =$

2. 논리식을 참고하여 논리 회로를 구성하시오.

3. 회로도의 동작 사항을 파악하고 타임 차트를 작성하시오.

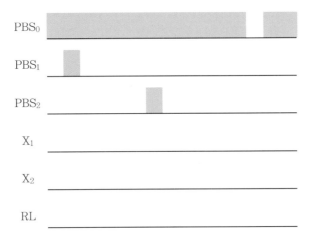

연습 문제 10	논리합(OR) 회로

■ **회로도**

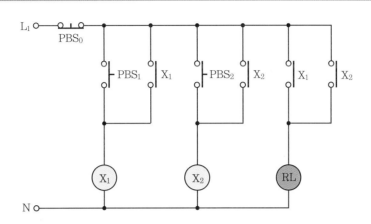

1. 회로도를 참고하여 논리식을 작성하시오.

$X_1 =$

$X_2 =$

$RL =$

2. 논리식을 참고하여 논리 회로를 구성하시오.

3. 회로도의 동작 사항을 파악하고 타임 차트를 작성하시오.

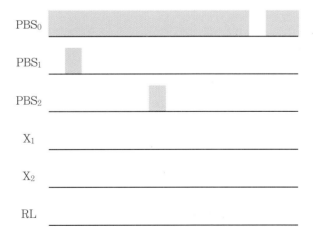

연습 문제 11	논리합 부정(NOR) 회로

■ 회로도

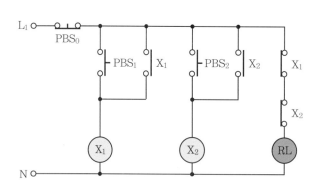

1. 회로도를 참고하여 논리식을 작성하시오.

$X_1 =$

$X_2 =$

$RL =$

2. 논리식을 참고하여 논리 회로를 구성하시오.

3. 회로도의 동작 사항을 파악하고 타임 차트를 작성하시오.

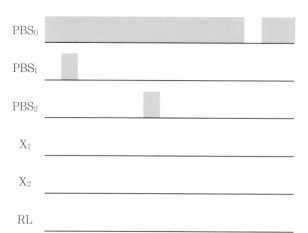

연습 문제 12   **논리곱 부정(NAND) 회로**

■ 회로도

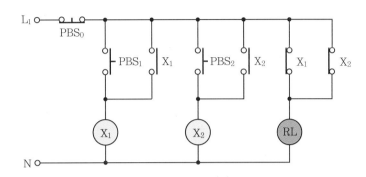

1. 회로도를 참고하여 논리식을 작성하시오.

$X_1 =$

$X_2 =$

$RL =$

2. 논리식을 참고하여 논리 회로를 구성하시오.

3. 회로도의 동작 사항을 파악하고 타임 차트를 작성하시오.

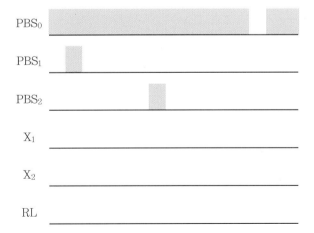

연습 문제 13	일치(EX-NOR) 회로

■ **회로도**

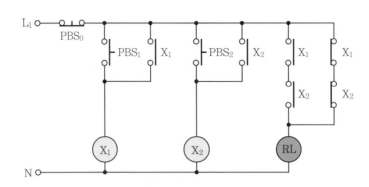

1. 회로도를 참고하여 논리식을 작성하시오.

$X_1 =$

$X_2 =$

$RL =$

2. 논리식을 참고하여 논리 회로를 구성하시오.

3. 회로도의 동작 사항을 파악하고 타임 차트를 작성하시오.

PBS_0

PBS_1

PBS_2

X_1

X_2

RL

연습 문제 14   반일치(EX-OR) 회로

■ 회로도

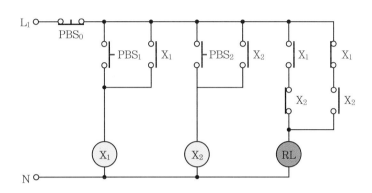

1. 회로도를 참고하여 논리식을 작성하시오.

$X_1 =$

$X_2 =$

$RL =$

2. 논리식을 참고하여 논리 회로를 구성하시오.

3. 회로도의 동작 사항을 파악하고 타임 차트를 작성하시오.

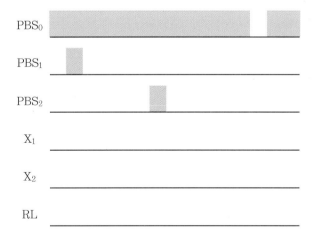

| 연습 문제 15 | 지연 동작 회로 |

■ **회로도**

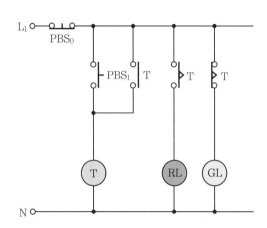

1. 회로도를 참고하여 논리식을 작성하시오.

$T=$

2. 논리식을 참고하여 논리 회로를 구성하시오.

3. 회로도의 동작 사항을 파악하고 타임 차트를 작성하시오.

PBS_0

PBS_1

T

RL

GL

| 연습 문제 16 | 순시 동작 한시 복귀 동작 회로 |

■ **회로도**

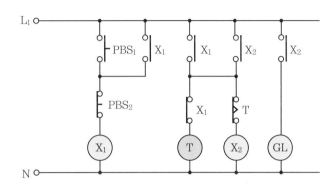

1. 회로도를 참고하여 논리식을 작성하시오.

   $X_1 =$
   $X_2 =$
   $T =$

2. 논리식을 참고하여 논리 회로를 구성하시오.

3. 회로도의 동작 사항을 파악하고 타임 차트를 작성하시오.

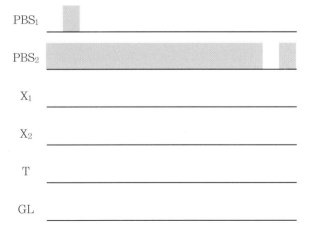

연습 문제 17　　　　　　　지연 동작 한시 복귀 동작 회로

■ 회로도

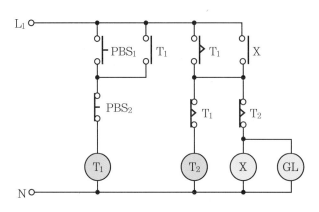

1. 회로도를 참고하여 논리식을 작성하시오.

$T_1=$

$T_2=$

$X=$

2. 논리식을 참고하여 논리 회로를 구성하시오.

3. 회로도의 동작 사항을 파악하고 타임 차트를 작성하시오.

PBS₁

PBS₂

T₁

T₂

X

GL

연습 문제 18   지연 간격 동작 회로

■ **회로도**

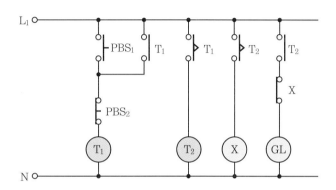

1. 회로도를 참고하여 논리식을 작성하시오.

   $T_1 =$

   $T_2 =$

   $X =$

2. 논리식을 참고하여 논리 회로를 구성하시오.

3. 회로도의 동작 사항을 파악하고 타임 차트를 작성하시오.

  PBS$_1$

  PBS$_2$

    T$_1$

    T$_2$

    X

   GL

연습 문제 19 동작 검출 회로

■ 회로도

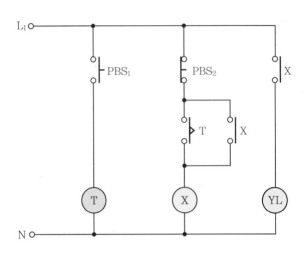

1. 회로도를 참고하여 논리식을 작성하시오.

    $T=$
    $X=$

2. 논리식을 참고하여 논리 회로를 구성하시오.

3. 회로도의 동작 사항을 파악하고 타임 차트를 작성하시오.

PBS$_1$

PBS$_2$

T

X

YL

연습 문제 20	선행 우선(인터로크) 회로

■ 회로도

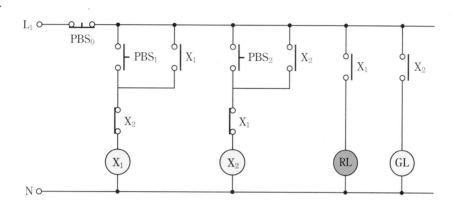

1. 회로도를 참고하여 논리식을 작성하시오.

$X_1 =$

$X_2 =$

2. 논리식을 참고하여 논리 회로를 구성하시오.

3. 회로도의 동작 사항을 파악하고 타임 차트를 작성하시오.

시퀀스제어 실기/실습

부 록

부록 1   전기 전자 단위

1 기본 단위와 유도 단위

대부분의 국가에서 채택하여 사용하고 있는 국제단위계(SI units)는 7개의 기본 단위가 그 바탕을 이루고 있으며 10진법에 따르고, 이를 나타내기 위해 20개의 접두어를 사용하여 기본 단위와 유도 단위로 분류된다. 기본 단위는 [표 1]과 같이 미터, 킬로그램, 초, 암페어, 켈빈, 몰, 칸델라의 7개 단위를 말한다. 유도 단위는 [표 2]와 같이 기본 단위들을 수학적 기호로 표현되는 단위이다.

[표 1] SI 기본 단위의 기호

기본명	SI 기본 단위		
	명칭	기호	표기
길이	미터	m	소문자
질량	킬로그램	kg	소문자
시간	초	s	소문자
전류	암페어	A	대문자
열역학적 온도	켈빈	K	대문자
물질량	몰	mol	소문자
광도	칸델라	cd	소문자

[표 2] 기본 단위로 표시된 SI 유도 단위의 예

유도량	SI 유도 단위	
	명칭	기호
넓이	제곱미터	m^2
부피	세제곱미터	m^3
속력, 속도	미터 매 초	m/s
가속도	미터 매 초 제곱	m/s^2
파동수	역 미터	m^{-1}
밀도, 질량밀도	킬로그램 매 세제곱미터	kg/m^3
부피	세제곱미터 매 킬로그램	m^3/kg
전류밀도	암페어 매 제곱미터	A/m^2

자기장의 세기	암페어 매 미터	A/m
(물질량의)농도	몰 매 세제곱미터	mol/m^3
광휘도	칸델라 매 제곱미터	cd/m^2
굴절률	하나(숫자)	$1(^*)$

[표 3] 전기 · 전자 분야에서의 실용 단위

물리량	기호	단위의 명칭	단위의 약자	물리량	기호	단위의 명칭	단위의 약자
전류	I	암페어(Ampere)	A	전력	P	와트(Watt)	W
전위	V	볼트(Volt)	V	전하	Q	쿨롱(Coulomb)	C
저항	R	옴(Ohm)	Ω	정전용량	C	패럿(Farad)	F
컨덕턴스	G	모우(Mho)	℧	인덕턴스	L	헨리(Henry)	H
에너지, 일	W	줄(Joule)	J	주파수	f	헤르츠(Hertz)	Hz
자속	Φ	웨버(Weber)	Wb	기전력	E	볼트(Volts)	V

2 SI 접두어

SI 단위의 10진 배수 및 10진 분수에 대한 명칭과 기호를 구성하기 위하여 10^{24}부터 10^{-24} 범위에 대하여 일련의 접두어와 그 기호들을 채택한 접두어와 기호는 [표 4]와 같다.

[표 4] SI 접두어

인자	접두어	기호	인자	접두어	기호
10^{24}	요타(yotta)	Y	10^{-1}	데시(deci)	d
10^{21}	제타(zetta)	Z	10^{-2}	센티(centi)	c
10^{18}	엑사(exa)	E	10^{-3}	밀리(milli)	m
10^{15}	페타(peta)	P	10^{-6}	마이크로(micro)	μ
10^{12}	테라(tera)	T	10^{-9}	나노(nano)	n
10^9	기가(giga)	G	10^{-12}	피코(pico)	p
10^6	메가(mega)	M	10^{-15}	펨토(femto)	f
10^3	킬로(kilo)	k	10^{-18}	아토(atto)	a
10^2	헥토(hecto)	h	10^{-21}	젭토(zepto)	z
10^1	데카(deca)	da	10^{-24}	욕토(yocto)	y

부록 2   전기 전자 부품

1 전기 전자 부품의 개요

전기 전자 부품(electrical & electronic component)은 전기 기기 내의 구성 요소로 다양한 기기에 증폭기, 수신기, 진동자 센서와 같은 기능으로 응용되어 사용되고 있다.

(1) 전기 전자 부품의 분류

전기 전자 부품은 크게 수동 부품(passive components), 능동 부품(active components) 및 보조 부품(auxiliary components)으로 구분할 수 있다.

① 수동 부품 : 수동 부품은 부품 스스로 아무 동작도 할 수 없지만, 능동 소자와 조합되어 능동 부품의 작동을 보완하거나 연결하는 기능을 발휘하는 부품으로 저항, 코일, 커패시터 등이 해당된다.

② 능동 부품 : 능동 부품은 외부로부터 에너지 공급을 받아 전기적인 신호를 발생하여 정류, 변조 또는 증폭할 수 있는 부품으로 전기를 가한 것만으로 입력과 출력에 일정한 관계를 갖는데 트랜지스터, IC, 다이오드, 연산증폭기(OP AMP) 등이 있다.

③ 보조 부품 : 보조 부품은 회로의 스위치 작동과 접속하는 기능을 수행하는 부품으로 스위치, 커넥터, 인쇄 회로 기판, 디스플레이(display), 단자, 전지 등이 해당 된다.

2 전기 전자 부품의 종류와 기호

전기 전자 회로도는 기호(symbol)의 연결로 구성되기 때문에 용도와 부품의 재질, 사용 전압이나 주파수, 용량, 규격 등 각종 전자 부품과 기호를 알아야 한다.

(1) 저항

저항(resistor)이란 도체에 전류를 흘렸을 때 전기의 흐름을 방해하는 부품으로 방해의 크기를 전기 저항이라 하고, 기호는 R, 단위는 Ω[Ohm]을 사용한다. 이러한 저항기는 재료에 따라 탄소계와 금속계로 분류되고, 고정 저항기와 가변 저항기로 구분할 수 있다.

[표 1]

부품명	실물 모양	기호	기능 및 용도
탄소 피막 저항기 (carbon film resistor)		-\/\/\/-	• 가장 널리 사용되는 형태의 저항으로 세라믹 로드 (ceramic rod)에 탄소 분말을 피막 형태로 입힌 후 나선형으로 홈을 파서 저항값을 조절하는 방법으로 만든다. • 일반용으로 가격이 싸고 가장 많이 사용되며, 고정 밀도나 대전력이 아닌 모든 경우에 가장 널리 사용 되는 형태의 저항이다. 단, 전류 잡음이 크기 때문 에 고정밀도를 요구하는 경우에는 금속 피막형을 대신 사용하기도 한다.
금속 피막 저항기 (metal film resistor)		-\/\/\/-	• 정밀한 저항이 필요한 경우에 가장 많이 사용되는 저항기로 특히 고주파 특성이 좋으므로 디지털회로 에도 널리 사용된다. 제조 방법은 세라믹 로드에 니 크롬, TiN, TaN, 니켈, 크롬 등의 합금을 진공증 착, 스퍼터링 등의 방법으로 필름 형태로 부착시킨 후 홈을 파서 저항값을 조절하는 방법으로 만든다. • 대량생산에도 적합하고 온도 특성, 전류 잡음 등 많 은 장점이 있지만, 재료의 특성상 탄소 피막 저항기 보다 가격이 비싸다.
산화 금속 피막 저항기 (metal oxide film resistor)		-\/\/\/-	• 세라믹 로드에 금속산화물의 도전성 박막을 코팅하 여 저항체를 형성하고 자른 후 절연·보호 칠을 하 여 제조한다. 소형으로 큰 전력용량의 저항기를 만 들 수 있고 고온 안정성, 잡음, 주파수 특성도 우수 한 저항기다. 특히 열에 강하고 소형에 많은 전류를 흘릴 수 있어 전원 회로 등에 널리 사용된다.
시멘트 저항기 (cement resistor)		-\/\/\/-	• 시멘트 저항기는 온도와 습도로부터 저항기를 보호 하기 위해 저항체를 시멘트 몰드에 넣어 만든 저항 기다. 이렇게 만든 저항기는 내전압 특성이 우수하 며 고온에도 잘 견디므로 주로 대전력을 다루는 부 분에 사용된다.

메탈 클래드 저항기 (metal clad resistor)		‑W‑	• 메탈클래드 저항기가 있는데 방열성을 보다 높이기 위해 방열 핀을 갖춘 금속 덮개에 몰딩한 저항기이다. 메탈클래드의 금속 덮개에는 주로 알루미늄 등이 사용된다.
칩 저항기 (thick film resistor)		‑W‑	• 회로가 점점 소형화되고 부품 대부분이 SMT (Surface Mount Technology) 공법에 따라 장착되면서 개발된 새로운 형태의 저항기다. 이러한 칩 형태의 저항기는 세라믹 기판 위에 저항체를 후막 형태로 얹어서 제조하며 지속해서 소형화가 이루어지고 있다. 특히 고주파 특성이 우수하고 소형이므로 핸드폰, 컴퓨터 등의 최신 기기들에는 대부분 이러한 칩 형태의 저항기가 사용된다.
어레이 저항기 (array resistor)			• 부품의 집적도를 더욱 높이려는 방법 중에는 아예 여러 개의 저항기를 하나의 패키지 안에 넣고 저항 네트워크를 구성하여 IC와 같은 형태를 보이는 부품도 있다. 물론 이 부품은 저항이지만 외형은 기존의 다른 저항기와 달리 단자가 여러 개 나와 있으며, 칩 형태의 칩 네트워크 저항기와 다리(lead)를 갖는 일반형 어레이 저항기(array resistor)가 있다.
탄소 피막 가변 저항기 (carbon film type variable resistor)			• 가장 일반적인 유형의 가변저항 • 베이클라이트와 같은 절연 기판 재료에 탄소 피막을 입혀 저항값을 조절하고, 저항기의 한쪽 접근은 탄소 피막 위로 이동시켜 저항값을 조절한다. • 오디오용 볼륨이나 balancer 등에 주로 사용
가변 저항기 (cermet type variable resistor cermet)			• 세라믹을 절연체로 cermet(ceramic과 metal을 혼합한 저항체) 저항체를 이용한 정밀 가변 저항기 • cermet은 탄소 피막보다 내구성이 뛰어나고 정밀한 저항값을 조절할 수 있다. • 온도계수가 낮고 내습성이 높지만, 고가이므로 아날로그 회로 바이어스 조정, 레벨 미세조정 회로와 같이 세밀한 조정에 사용

권선형 가변 저항기 (wound type variable resistor)			• 권선형 고정 저항기와 같은 형태로 절연체의 권심에 저항선을 감아 만든다. • 권선형이므로 대전력형으로 제작이 쉬우므로 전류, 전력 조절용 가변 저항부로 사용되지만 큰 저항값을 얻기는 어렵다. • 유도성 저항 성분이 발생하므로 고주파 회로에 부적합하다.
반고정 가변 저항기 (semi-fixed variable resistor)			• 볼륨 저항과 달리 주로 회로 기판에 직접 실장 되어 미세 조정하는 데 사용된다. • 케이스 외부에 노출된 핸들 대신 (−) 또는 (+) 드라이버로 조절이 가능하다.
정밀 포텐셔미터 (precision poten- tiometer)			• 정밀 전위차계는 1도 또는 270도의 회전각을 갖는 일반형 가변저항보다 2회전 이상 회전하여 저항값을 보다 정밀하게 조정할 수 있는 저항이다. • 볼륨 타입과 반고정 타입이 있다. 반고정식이 주로 사용된다. • cermet 저항기 또는 권선 저항기는 높은 정밀도를 요구하는 회로에 사용된다.

(2) 커패시터

커패시터(capacitor)란 직류에서는 전기를 저장하는 작용을 하지만, 교류에서는 주파수에 의하여 저항값이 변하는 저항의 기능을 한다. 저장된 양을 정전용량 또는 용량이라고 하며, 기호는 C, 단위는 F[farad]으로 나타낸다. 커패시터에는 [표 2]와 같이 여러 가지 종류가 있다.

[표 2]

부품명	실물 모양	기호	기능 및 용도
세라믹 커패시터 (ceramic capacitors)			• 전극 간의 유전체로 티탄산바륨(titaniumbarium)과 같은 유전율이 높은 재료가 사용된다. • 고주파 특성이 양호하여 바이패스에 사용된다. • 전극의 극성은 없다.

마일러 커패시터 (mylar capacitor)			• 얇은 폴리에스터(polyester) 필름을 양측에서 금속으로 삽입하여 원통형으로 감은 것이다. • 전극의 극성이 없다.
전해 커패시터 (electrolytic capacitor)			• 유전체로 얇은 산화막을 사용하고, 전극으로는 알루미늄을 사용하고 있다. • 주로 전원의 평활회로, 저주파 바이패스 등에 사용된다. • 극성(+, −)이 있으므로 유의하여 사용한다.
탄탈 커패시터 (tantalum capacitor)			• 전극에 탄탈륨이라는 재료를 사용하는 전해 커패시터의 일종이다. • 전해 커패시터보다 주파수 특성이 우수하나 내압이 낮고 용량이 적다. • 극성(+, −)이 있으므로 유의하여 사용한다.
칩 커패시터 (chip capacitor)			• 소형 크기의 커패시터로 최근 전자 장치의 소형화로 인해 칩 커패시터는 대부분의 전자 제품에 사용된다. • 예를 들어 1005의 경우, 처음 두 자리(10)는 가로 길이가 1mm인 커패시터를 나타내고, 뒷면(05)은 커패시터의 길이를 나타낸다. • 길이가 0.5mm임을 나타낸다.
트리머 커패시터 (trimmer capacitor)			• 유전체로 세라믹(자기), 폴리에스터 필름 등을 사용한다. • 고주파 회로나 발진회로의 주파수 미세조정에 사용된다. • 극성이 없다.
베리어블 커패시터 (variable capacitor)			• 유전체로 공기를 사용한다. • 라디오 방송을 선택하는 튜너 등에 사용된다. • 극성이 없다.
슈퍼 커패시터 (super capacitor)			• 슈퍼 커패시터는 정전용량이 매우 높은 커패시터이다. 화학 반응을 사용하는 배터리와 달리 전극과 전해질 계면에 간단한 이온 전달이나 표면 화학 반응으로 전하 현상을 사용한다. • 급속 충전이 가능하며 충·방전 효율이 높고 반영구적 수명이다.

(3) 코일과 트랜스의 부품

코일과 트랜스는 모두 동선을 감은 것으로 같은 종류에 속하나 특성은 크게 다르고 사용 방법도 완전히 다르지만 모두 인덕턴스(inductance)라는 단위로 크기를 나타낸다. 원리도 전자 유도를 사용하고 있다는 의미에서는 같은 동작을 한다.

코일의 고주파 신호에 대한 저항을 인덕턴스라 부르며, 기호는 L, 단위는 헨리(H, henry)가 사용된다. 트랜스(transformer, 변압기)는 1차 코일과 2차 코일의 감은 수를 변화시킴에 따라 전압의 크기를 변화시킬 수 있는 부품으로 전력 증폭을 동작시킬 때 임피던스 매칭용으로 사용한다. 코일과 트랜스를 그 특성에 따라 분류하면 [표 3]과 같다.

[표 3]

부품명	실물 모양	기호	기능 및 용도
인덕터 또는 코일 (inductor)	(a)		(a) 공심 코일 : 내부에 코어가 없이 단순히 코일만 감아 놓은 형태로 저주파용
	(b)		(b) 철심 코일 : 철심 코어 위에 코일을 감은 형태로 저주파용
	(c)		(c) 페라이트 코일 : 고주파용 코일
라디오 주파수 트랜스 (radio frequency transformer)			• 슈퍼 헤테로다인 수신기에서 수신 주파수를 낮추어 수신기의 감도, 안정도를 좋게 할 수 있게 중간 주파수 증폭 회로에 사용되는 트랜스이다. • AM용은 455kHz의 중간 주파수가 사용되며 4개(황, 녹, 등, 청색)가 1조로 되어 있다.

가변 인덕터 (variable inductor)			• 인덕턴스 값을 변화시킬 수 있다. • 중간주파 동조코일 (IFT : Intermediate Frequency Tuning coil)
트랜스 또는 변압기 (transformer)			• 가정용 220V 또는 110V 교류전압을 전자회로에서 필요로 하는 교류전압으로 높여 주거나 낮추어 주는 장치이다. • 변압기라고도 하며, 승압과 강압 트랜스가 있다.
오디오용 트랜스 (audio transformer)			• IPT는 녹색이나 청색을 사용한다. • 증폭기의 입력층에 넣어 임피던스 매칭(matching, 정합)할 목적으로 사용된다.
			• OPT는 적색을 사용한다. • 증폭기의 출력층과 스피커와의 임피던스 매칭(matching, 정합)할 목적으로 사용된다.
안테나 코일 (antenna coil)	(a)		(a) AM radio의 동조 코일로 사용 (antenna coil)
	(b)		(b) 26MHz to 30MHz helical coil
릴레이 (relay)			• 코일에 전류를 흘리면 자석이 되는 성질을 이용한다. • 전기적으로 독립된 회로를 연동시킬 수 있다.

| 솔레노이드 코일 (solenoid inductor) | | | • 솔레노이드는 와이어를 단단한 실린더에 감아 만든 장치이다.
• 솔레노이드는 주로 전자석으로 사용된다. 전자석에 전기를 흘려서 자기장을 발생시킬 수 있기 때문이다.
• 솔레노이드는 AC를 사용하는 전자회로에 매우 유용한 인덕터 유형 중 하나이다. |

(4) 반도체(semi-conductor)

다이오드란 전류를 한쪽으로만 흘리는 반도체 부품이다. 다이오드에는 두 개의 단자가 있으며, 전류는 한쪽으로만 흐를 수 있고 반대쪽으로는 흐를 수 없다. 전류가 흐를 수 있는 방향을 순방향이라 하고, 흐를 수 없는 방향을 역방향이라고 부른다.

트랜지스터(transistor)는 기본적으로는 전류를 증폭할 수 있는 부품이다. 트랜지스터는 반도체의 조합에 따라 크게 PNP형과 NPN형이 있다. PNP형과 NPN형에서는 전류의 방향이 다르다. (−)전압 측을 접지로, (+)전압 측을 전원으로 하는 회로의 경우 NPN형 쪽이 사용하기 쉽다. 트랜지스터의 구조로는 전류의 캐리어로 주입하는 이미터(Emitter : E), 주입된 캐리어를 제어하는 베이스(Base : B), 전류의 캐리어를 모으는 컬렉터(Collectoer : C)의 전극이 있다.

[표 4]

부품명	실물 모양	기호	기능 및 용도
정류 다이오드 (rectifier diode)			• 1N5408 3A 1,000V 정류 다이오드 • 교류를 직류로 정류한다 • 정류 회로에 사용된다.
브리지 다이오드 (bridge diode)			• 다이오드 4개를 조합 • 주로 전파 정류용에 사용한다. • 대전력 시스템에 사용하기 위해 방열판을 부착한 구조를 가진다.
검파 다이오드 (detector diode)			• 1N60 게르마늄 검파 다이오드 • 높은 주파수에서 사용 • 검파(복조) 회로에 사용

버랙터 (가변용량) 다이오드 (varactor diode)			• MV2115 100pF 조정 다이오드 • FM, FS 변조용 • 가변 용량 다이오드 • Varicap 또는 Varactor 다이오드라고도 한다. • 고주파 동조용에 사용
제너 다이오드 (zener diode)			• 1N4728 3.3V 1/2W 제너 다이오드 • 정전압 다이오드라고도 한다. • 전압 기준용으로 사용 • 순방향으로는 전류가 흐르고 반대 방향으로는 흐르지 않는다.
터널 다이오드 (tunnel (esaki) diode)			• Esaki 다이오드라고도 한다 • 터널 다이오드는 부성저항 특성을 갖는다. • 주로 마이크로파 발진회로에 사용
LED			• 발광 다이오드 • 전기 에너지를 빛 에너지로 변환 • 발광 특성을 응용하여 광센서로 사용 • 표시기와 자시기에 사용
포토 다이오드 (photo diode)			• BPX65 Full Spectrum Si Photodiode • 빛 에너지를 전기 에너지로 바꾼다. • 광 검출 회로에 사용된다.
포토 트랜지스터 (photo transistor)			• 빛의 세기에 따라 트랜지스터에 흐르는 전류가 변화하는 소자이다. • 용도 : 광 스위치, 단거리 광통신 기기, 마크 판별기 등에 이용한다
포토 커플러 (photo coupler)			• 발광 다이오드와 포토 트랜지스터를 플라스틱 관에 함께 넣어 둔 것이다. • 반사형과 투과형의 종류가 있고, 센서에 자주 사용된다. • 입력 신호 측과 수신 신호 측이 물리적으로 완전히 분리되어 있다.

트랜지스터 (transistor)			• 증폭 작용과 스위칭 역할을 하는 반도체 소자로 NPN형과 PNP형이 있다. • 트랜지스터 규격 　2SAxxx PNP 고주파용 　2SBxxx PNP 저주파용 　2SCxxx NPN 고주파용 　2SDxxx NPN 저주파용
FET (Field Effect Transistor)		(a) (b) (c) (d)	• 전계 효과 트랜지스터(FET)는 전기장을 사용하여 장치의 전기 동작을 제어하는 트랜지스터이다. FET는 단일 캐리어 유형의 동작을 포함하므로 단극 트랜지스터라고도 한다. 전계 효과 트랜지스터의 많은 다른 구현이 존재한다. • 접합형 FET(JFET) 및 MOS FET 　(a) P channel J−FET 　(b) N channel J−FET 　(c) P channel MOS FET 　(d) N channel MOS FET
UJT (Uni− Junction Transistor)			• 부성저항 특성이 있다. • 더블 베이스 다이오드라고 한다. • 트리거 생성기로 사용된다. • 정격 피크 전류가 크고 트리거 전압이 안정적이다. • P 채널 타입 및 N 채널 타입
PUT (Programmable Unijunction Transistor)			• PUT는 프로그래밍이 가능한 단일 접합 트랜지스터이다. • UJT의 성능을 변화시키기 위해 개발된 PUT는 사용자가 특정 범위 내에서 향상할 수 있다. • UJT는 성능 조정기이며, PUT는 성능 변수 요소이다.

SCR (Silicon Controlled Rectifier)			• SCR은 단방향 제어 요소이며, pnpn 접합의 4계층 구조를 갖는다. • 게이트를 통해 트리거 펄스가 입력되면 양극에서 음극으로 전류가 흐른다.
TRIAC (Triode AC switch)			• TRIAC은 3극 AC 제어 장치이다. 이 구조는 5개의 P형 및 N형 반도체층과 2개의 주 전극 및 1개의 게이트 전극으로 구성된다. • TRIAC은 양방향으로 AC 전압 및 전류를 제어한다.
DIAC (Diode AC switch)			• SSS(실리콘 대칭 스위치)라고도 하며, 양방향 2단자 스위칭 요소 • PNPNP 5층 구조에서 게이트를 제거한 것이다.
서미스터 (thermistor)			• 온도 변화로 저항값이 변하는 장치 • 온도 감지 및 측정에 사용 • NTC(부 온도계수) 유형 및 PTC 유형 (정 온도계수)
바리스터 (varistor)			• 전압의 변화에 따라 저항값이 변한다. • 응용 : 고전압 전송 어레스터
7-segment display (FND)			• 애노드 공통형과 캐소드 공통형이 있다. • 숫자를 표시할 수 있도록 LED를 조합한 표시기이다. • 보통 FND(Flexible Numeric Display) 라고 한다.
LCD (Liquid Crystal Display)			• 표시 문자, 숫자 등 많은 종류가 있으며 사용 목적에 따라 적당한 것을 선택하여 사용한다. • 온도계, 전압·전류계, 마이크로컴퓨터의 표시부에 많이 사용된다.

	실물 모양	기호	기능 및 용도
아날로그 IC (analog ICs)			• 각종 증폭 회로나 전원 안정화 회로를 IC 화한 것이다. • 연산증폭기(op amp), 신호 발생기, 컨버터, 레귤레이터 등이 있다.
디지털 IC (digital ICs)			• 논리회로를 만들기 위한 집적회로(IC) 이다. • AND, OR, NOT, NAND, NOR, EX-CLUSIVE OR라고 하는 각 게이트의 기본 회로가 있다. • 크게 TTL과 CMOS로 분류한다.

(5) 스위치 소자

스위치(switch)는 그 종류가 많은데 한 번 움직이면 ON 또는 OFF의 상태가 계속되는 토글(toggle)스위치나 슬라이드(slide) 스위치, 한 번 움직이게 한 후 손을 떼면 원상태로 되돌아가는 푸시버튼(push button) 스위치 및 접속되는 회로의 전환에 사용되는 로터리(rotary) 스위치 등이 있다.

[표 5]

부품명	실물 모양	기호	기능 및 용도

스위치 (switch)		(a)
		(b)
		(c)
			• (a)는 슬라이드 스위치,
			  (b)는 토글 스위치,
			  (c)는 푸시 버튼 스위치이다.
			• 패널 또는 인쇄 회로 기판에 설치되며 외부에서 작동할 수 있다.
			• 허용 스위칭 전압과 접점의 최대 전류에 주의한다.

디지털 스위치 (digital switch) (BCD switch)			• 십진수 4비트 데이터를 입력하기 위한 스위치 • 직접 수치를 보면서 설정할 수 있어 사용이 편리
로터리 스위치 (rotary switch)			• 실렉터 스위치 • 패널에 설치되어 순차적으로 선택 및 전환하는 데 사용

DIP 스위치 (DIP switch) (Dual In-line Package)			• 디지털 회로에 여러 스위치가 필요한 경우에 사용한다. • DIP SW는 마이크로컴퓨터 등 다양한 설정에 사용하기 편리하다. • DIP 타입 IC 또는 가변 저항 형태 일 수 있다. • 각 비트마다 독립적으로 On/Off가 가능하다. • 접촉 용량이 작기 때문에 대전류 응용에는 적합하지 않다.

(6) 기본 논리 소자

논리 소자(logic element 또는 logic gate)는 논리 연산에 기본이 되는 소자로 디지털 정보 흐름을 허용하거나 저지하는 역할을 하는 회로 소자이다. 논리 회로(logic circuit)는 2진 정보를 기반으로 AND, OR, NOT 등과 같은 논리 연산에 따라 동작을 수행하는 논리 소자들을 사용하여 구성된 전자 회로이다. 기본 논리 게이트의 종류는 [표 6]과 같다.

[표 6]

게이트	데이터 시트(74 series)	기호	용도
AND 게이트	Vcc 4B 4A 4Y 3B 3A 3Y 14 13 12 11 10 9 8 1 2 3 4 5 6 7 1A 1B 1Y 2A 2B 2Y GND	A B → Y	• logical product circuit • expression : $Y = A \cdot B$ (A and B) • truth table | A	B	Y
---	---	---
0	0	0
0	1	0
1	0	0
1	1	1	
OR 게이트	Vcc 4B 4A 4Y 3B 3A 3Y 14 13 12 11 10 9 8 1 2 3 4 5 6 7 1A 1B 1Y 2A 2B 2Y GND	A B → Y	• logical sum circuit • expression : $Y = A + B$ (A or B) • truth table | A	B	Y
---	---	---
0	0	0
0	1	1
1	0	1
1	1	1	

게이트	핀 배치	기호	설명
NOT 게이트	Vcc 6A 6Y 5A 5Y 4A 4Y / 14 13 12 11 10 9 8 / 1 2 3 4 5 6 7 / 1A 1Y 2A 2Y 3A 3Y GND	A —▷o— Y	• logical inverter circuit • expression : $Y = \overline{A}$ • truth table

A	Y
0	1
1	0

NAND 게이트

Vcc 4B 4A 4Y 3B 3A 3Y
14 13 12 11 10 9 8
1 2 3 4 5 6 7
1A 1B 1Y 2A 2B 2Y GND

• negation of logical product circuit
• expression : $Y = \overline{(A \cdot B)}$
• truth table

A	B	Y
0	0	1
0	1	1
1	0	1
1	1	0

NOR 게이트

Vcc 4B 4A 4Y 3B 3A 3Y
14 13 12 11 10 9 8
1 2 3 4 5 6 7
1A 1B 1Y 2A 2B 2Y GND

• negation of logical sum circuit
• expression : $Y = \overline{(A+B)}$
• truth table

A	B	Y
0	0	1
0	1	0
1	0	0
1	1	0

XOR 게이트

Vcc 4B 4A 4Y 3B 3A 3Y
14 13 12 11 10 9 8
1 2 3 4 5 6 7
1A 1B 1Y 2A 2B 2Y GND

• exclusive logical sum circuit
• expression : $Y = A \oplus B = \overline{A}B + A\overline{B}$
• truth table

A	B	Y
0	0	0
0	1	1
1	0	1
1	1	0

XNOR 게이트

Vcc 4B 4A 4Y 3B 3A 3Y
14 13 12 11 10 9 8
1 2 3 4 5 6 7
1A 1B 1Y 2A 2B 2Y GND

• negation of exclusive logical sum circuit
• expression : $Y = \overline{A \oplus B} = A \odot B = \overline{A}\,\overline{B} + AB$
• truth table

A	B	Y
0	0	1
0	1	0
1	0	0
1	1	1

(7) 센서

센서란 온도, 압력, 빛, 초음파, 자기 등의 물리적인 변화량을 전류와 전압 등의 전기적인 변화량으로 변환하는 소자이며 가전제품, 전자계측, 공업용 로봇, 공장의 자동화, 의료장비 등에 대부분 사용되고 있다. 대표적인 센서의 종류와 기능은 [표 7]과 같다.

[표 7]

부품명	실물	용도
온도 센서 (tempe- rature sensor)		• 산업 전반에서 정확한 온도 측정 관리는 필수적이며, 온도 센서는 전자레인지, 냉장고, 프린터, 로봇, 엔진 온도를 비롯한 자동차, 의료, 사무기기, 가전제품 등 산업 전반에서 이용된다. • 금속 측온체, 서미스터, 열전대 소자가 있다. • 화재경보기, 열선 추적 등에서 응용된다.
자기 센서 (magnetic sensor)		• 홀 소자(hall element)라고 불리는 반도체에 전류를 흘려보내고 자기에 가까이 하면 그 자속밀도에 비례하는 기전력이 발생한다. • 조셉슨 소자, 홀 소자, 자기 테이프, 카드 판독기 등에 활용된다.
압력 센서 (pressure sensor)		• 반도체 등을 이용하는데, 압력을 가하면 저항률이 변화하여 저항값이 변화한다. • 냉장고 등의 가전제품, 자동차, 의료, 공업계측, 자동 제어, 완성 세어, 전기붕품 등 붕노가 나앙하고 가상 쏙넓게 사용되는 센서 중의 하나이다.
광(포토) 센서 (photo sensor)		• 광 센서(photo sensor)란 빛 에너지의 특성을 이용한 것으로, 인간의 눈으로 감지할 수 있는 가시광선을 중심으로 적외선에서 자외선 영역의 광 자체 또는 광에 포함된 정보를 전기신호로 변환하여 검지하는 전자 장치(device)의 총칭이다. • 공장자동화, 첨단계측, 포토, 칼라, 광전광, 영상인식 등 다양하다. • 포토 다이오드, CdS 소자가 있다.

초음파 센서 (ultrasonic sensor)		• 20kHz 이상의 음파에 반응하여 압전 재료를 압축 또는 신장하여 전압을 발생한다.
적외선 센서 (infrared sensor)		• 가시광보다 파장이 긴 영역의 적외선 검출에 이용되는 센서로 적외선 센서 또는 초전형 적외선 센서로 불린다. • 적외선은 물체가 연소 시 발생하는 경우가 많아 적외선 온도 센서, 적외선을 이용한 화상처리, 물체 인식 등에 많이 이용된다.

기타 자주 사용되는 전기 · 전자 부품의 명칭과 기호는 [표 8]과 같다.

[표 8]

부품명	실물 모양	기호	기능 및 용도
수정 발진자 (crystal oscillator)			• 수정 편의 진동 특성(압전 효과)을 이용하여 일정 주파수 클록 발진회로에 사용한다. • 안정된 주파수를 공급하는 주파수 발생원으로서 각종 전자 통신 기기와 계측 기기, PC 등에 사용된다.
스피커 (speaker)			• 전기적인 신호를 기계적인 신호(음파)로 변환시키는 장치이다.
부저 (buzzer)			• 전기적인 진동을 소리로 변환하는 소자로 세라믹 진동자를 이용하고 있다. • 스피커와 다르게 일정 대역에서 높은 소리를 내게 함으로써, 사람이 청각으로 감지하게 하는 부품이다. • 휴대전화용으로 많이 사용되고 있다.

포노 커넥터 (phono connector, phono plug and jack)	(a)	• RCA 플러그라고도 하며, 일반적으로 사운드 및 비디오 신호를 전송하는 데 사용된다. • 일반적으로 컴포지트 비디오(노란색) 및 스테레오 오디오(흰색, 빨강)용 RCA 플러그 • (a) plug, (b) jack
포노 커넥터 (phono connector, audio plug and jack)	(a)	• 6.35mm(3.5mm) 일렉트릭 기타, 스피커, 마이크 및 라인 레벨 오디오를 포함한 다양한 신호에 사용되는 2접점 전화 플러그(모노 타입) 및 3접점 전화 플러그(스테레오 타입). • 전화 잭, 오디오 잭, 헤드폰 잭 또는 잭 플러그라고도 하는 전화 커넥터는 일반적으로 아날로그 오디오 신호에 사용되는 전기 커넥터 제품군이다.
바나나 커넥터 (banana connector)		• 하나의 신호 라인을 연결할 때 자유롭게 사용할 수 있는 커넥터 • 바나나 커넥터(일반적으로 수컷, 바나나 소켓 또는 암컷용 바나나 잭용 바나나 플러그)는 전선을 장비에 연결하는 데 사용되는 단선(1개의 도체) 전기 커넥터이다. 4mm 커넥터는 8 는 특히 유럽에서 18 대기만 모든 바나나 커넥터가 4mm 부품과 짝을 이루지는 않지만 2mm 바나나 커넥터가 존재하지는 않는다.
직류(DC) 커넥터 (DC connector)		• DC 커넥터(또는 하나의 공통 유형 커넥터의 경우 DC 플러그)는 직류(DC) 전원 공급을 위한 전기 커넥터이다. • DC 커넥터에는 교환할 수 없는 더 많은 표준 유형이 있다. 호환되지 않는 소스와 로드의 우발적인 상호 연결을 방지하기 위해 DC 커넥터의 크기와 배열을 선택할 수 있다.

동축 커넥터 (coaxial connector)		• 대부분의 BNC 타입 동축 커넥터가 사용 • 패널에 직접 설치하고 패널을 접지한다.
멀티 핀 커넥터 (multi pin electronic connector)		• 컴퓨터와 주변 장치를 연결하는 데 자주 사용되는 커넥터 이다. • 몇 개의 10핀으로 구성 • 5핀 D-SUB 커넥터는 직렬 통신에 사용되고, 36핀 커넥터 는 프린터에 사용
보드 커넥터 (board connector)		• 프린트 보드(PCB)와 케이블 또는 프린트 보드 및 프린트 보 드를 연결하는 데 사용되는 커넥터 • 핀 수는 1핀에서 수십 핀까지 다양하다.
IC 소켓 (IC sockets)		• IC를 기판에 직접 납땜할 수 없는 경우, 재사용해야 할 때 및 PROM과 같이 자주 변경해야 할 때 사용 • DIP, PLCC, SMT, QFP 유형 등

3 전기 · 전자의 일반적인 기호

전원에는 건전지 등과 같은 직류(DC, Direct Current)와 가정용 콘센트에 있는 교류 (AC, Alternating Current)의 두 종류가 있다. 직류란 전기가 흐르는 방향이 항상 일정 한 전원이며, 교류란 시간에 따라서 전기가 흐르는 방향이 변하는 전원을 말한다.

전류계는 회로의 전류를 측정하는 계기로 실험실에서 주로 사용하는 전류계는 직류 전류 계이며, 전압계는 전기 회로에서 두 지점 사이의 전압의 크기를 측정하는 기기이다.

전류(electric current)는 전자(electron)라는 극히 작은 입자의 흐름(전자의 이동)으로 기호는 I, 단위는 암페어(A, Ampere)라고 한다. 전압(voltage)은 단위 전하량을 이동시 키는데 필요한 에너지(또는 일), 즉 전기를 보내는 힘을 말하며 기호는 V, 단위는 볼트(V, volt)를 사용한다.

접지(ground)란 각종 전기, 전자, 통신 설비 들을 전기적으로 대지와 연결하여 전위를 대지와 같은 기준 전위(0V)로 만드는 것을 의미한다.

[표 9]

부품명		기호	용도
전원 (power source)	DC	DC ⊕ ⊖ ╫ +	• (+)와 (−)가 엄격히 구별되어 전기가 흐르는 것이다. • 긴 쪽은 (+), 짧은 쪽은 (−)이다. • 자동차 배터리 또는 흔히 쓰는 건전지 등의 전원이다.
	AC	AC ⊗	• 흔히 가정에 들어오는 전기는 교류이다. • (+)와 (−) 구분이 없다. • 전압 및 주파수를 표시한다(110/220V, 60Hz). • 텔레비전, 냉장고, 오디오 등의 전원이다.
전류계 (ammeter)	DC ammeter	Ⓐ	• 눈금판에 A 아래에 '_' 표시 또는 DCA로 표시되어 있고, 단자에는 (+) 기호 또는 붉은색 표시가 있다.
	AC ammeter	Ⓐ	• 눈금판에 A 아래에 '∼' 표시 또는 ACA로 표시되어 있고, 단자에는 (+) 기호나 붉은색 표시가 없다.
전압계 (voltmeter)	DC voltmeter	Ⓥ	• 눈금판에 'V' 아래에 '_' 라고 쓰여 있는 전압계 • 실험실에서 흔히 사용되는 전압계
	AC voltmeter	Ⓥ	• 눈금판에 'V' 아래에 '∼' 라고 쓰여 있는 전압계
접지 (ground)		(a) (b) (c)	• 접지는 보통 (−)극을 의미한다. • (a) 섀시 접지 • (b) 대지 접지 또는 기준 접지 • (c) 신호 접지(아날로그, 디지털)
전기배선 (electrical wiring)		(a) (b) (c)	• (a) 도선의 접속 : 도선이 접속된 상태 • (b)(c) 도선의 교차 : 도선이 접속되어 있지 않은 상태(jumper)

부록 3 | 승강기기능사 공개 문제

공개 도면 ①

(1) 기구 배치도

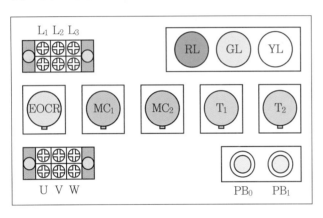

(2) 범례

기구	색상	재료명
PB$_0$	녹색	푸시버튼 스위치
PB$_1$	적색	푸시버튼 스위치
PB$_2$	적색	푸시버튼 스위치
GL	녹색	램프
RL	적색	램프
YL	황색	램프

(3) 기구의 내부 결선도 및 구성도

[전자접촉기 내부 결선도]

[EOCR 내부 결선도]

[12P 소켓(베이스) 구성도]

[8P 소켓(베이스) 구성도]

[타이머 내부 결선도]

[FR 내부 결선도]

[릴레이 내부 결선도]

(3) 시퀀스 회로도

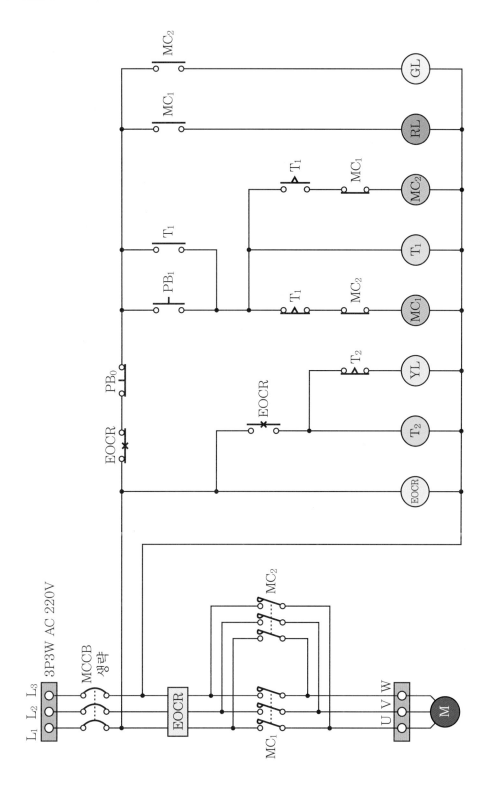

공개 도면 ②

(1) 기구 배치도

(2) 범례

기구	색상	재료명
PB_0	녹색	푸시버튼 스위치
PB_1	적색	푸시버튼 스위치
PB_2	적색	푸시버튼 스위치
GL	녹색	램프
RL	적색	램프
YL	황색	램프

(3) 기구의 내부 결선도 및 구성도

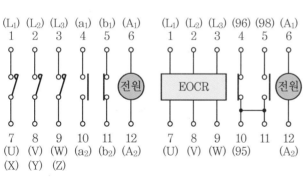

[전자접촉기 내부 결선도]   [EOCR 내부 결선도]

[12P 소켓(베이스) 구성도]

[8P 소켓(베이스) 구성도]

[타이머 내부 결선도]

[FR 내부 결선도]

[릴레이 내부 결선도]

(3) 시퀀스 회로도

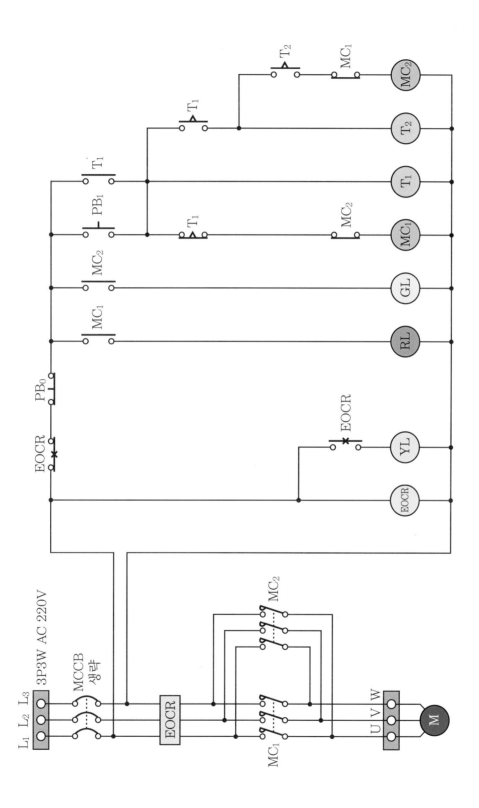

공개 도면 ③

(1) 기구 배치도

(2) 범례

기구	색상	재료명
PB₀	녹색	푸시버튼 스위치
PB₁	적색	푸시버튼 스위치
PB₂	적색	푸시버튼 스위치
GL	녹색	램프
RL	적색	램프
YL	황색	램프

(3) 기구의 내부 결선도 및 구성도

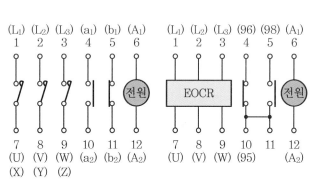

[전자접촉기 내부 결선도]　　[EOCR 내부 결선도]

[12P 소켓(베이스) 구성도]

[8P 소켓(베이스) 구성도]

[타이머 내부 결선도]

[FR 내부 결선도]

[릴레이 내부 결선도]

(3) 시퀀스 회로도

공개 도면 ④

(1) 기구 배치도

(2) 범례

기구	색상	재료명
PB_0	녹색	푸시버튼 스위치
PB_1	적색	푸시버튼 스위치
PB_2	적색	푸시버튼 스위치
GL	녹색	램프
RL	적색	램프
YL	황색	램프

(3) 기구의 내부 결선도 및 구성도

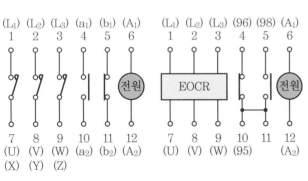

[전자접촉기 내부 결선도]　　[EOCR 내부 결선도]

[12P 소켓(베이스) 구성도]

[8P 소켓(베이스) 구성도]

[타이머 내부 결선도]

[FR 내부 결선도]

[릴레이 내부 결선도]

(3) 시퀀스 회로도

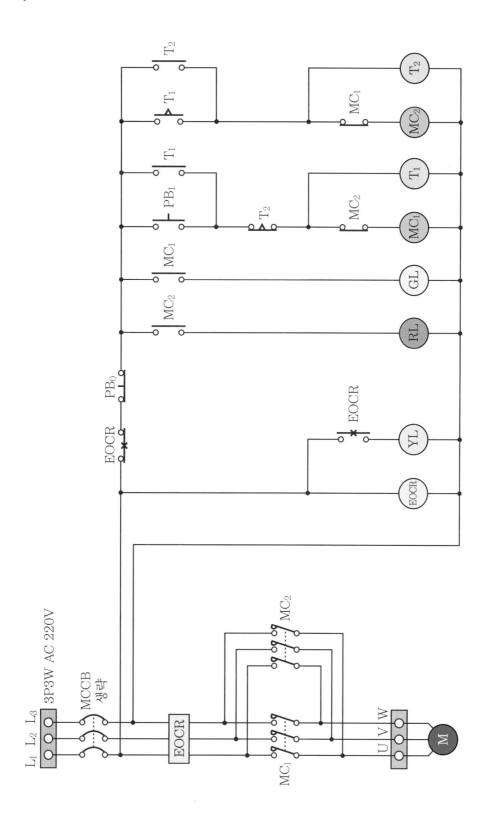

공개 도면 ⑤

(1) 기구 배치도

(2) 범례

기구	색상	재료명
PB$_0$	녹색	푸시버튼 스위치
PB$_1$	적색	푸시버튼 스위치
PB$_2$	적색	푸시버튼 스위치
GL	녹색	램프
RL	적색	램프
YL	황색	램프

(3) 기구의 내부 결선도 및 구성도

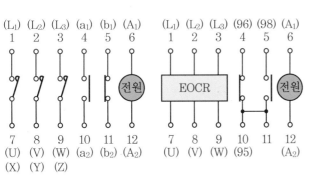

[전자접촉기 내부 결선도]　　　[EOCR 내부 결선도]

[12P 소켓(베이스) 구성도]

[8P 소켓(베이스) 구성도]

[타이머 내부 결선도]

[FR 내부 결선도]

[릴레이 내부 결선도]

(3) 시퀀스 회로도

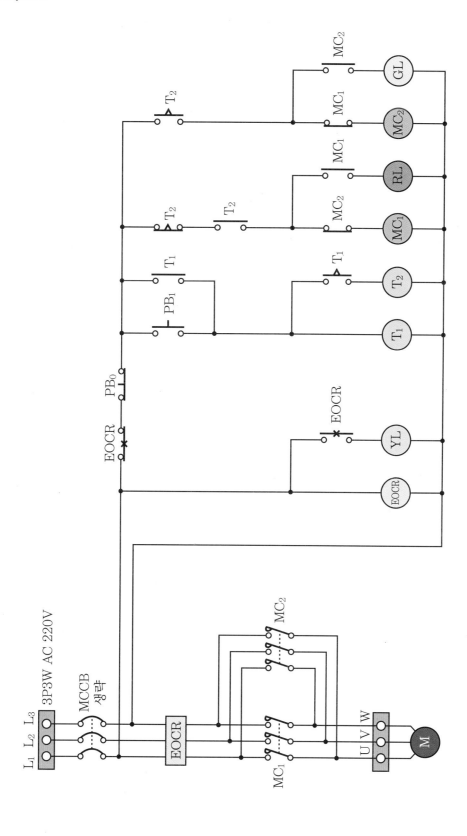

공개 도면 ⑥

(1) 기구 배치도

(2) 범례

기구	색상	재료명
PB₀	녹색	푸시버튼 스위치
PB₁	적색	푸시버튼 스위치
PB₂	적색	푸시버튼 스위치
GL	녹색	램프
RL	적색	램프
YL	황색	램프

(3) 기구의 내부 결선도 및 구성도

[타이머 내부 결선도]

[FR 내부 결선도]

[릴레이 내부 결선도]

(3) 시퀀스 회로도

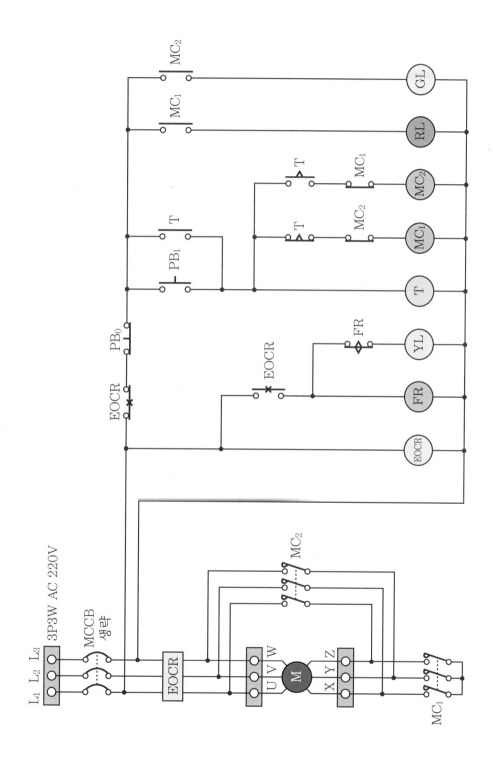

공개 도면 ⑦

(1) 기구 배치도

(2) 범례

기구	색상	재료명
PB₀	녹색	푸시버튼 스위치
PB₁	적색	푸시버튼 스위치
PB₂	적색	푸시버튼 스위치
GL	녹색	램프
RL	적색	램프
YL	황색	램프

(3) 기구의 내부 결선도 및 구성도

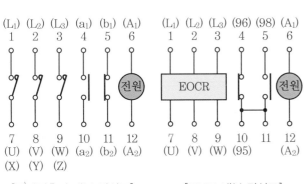

[전자접촉기 내부 결선도]　　[EOCR 내부 결선도]

[12P 소켓(베이스) 구성도]

[8P 소켓(베이스) 구성도]

[타이머 내부 결선도]

[FR 내부 결선도]

[릴레이 내부 결선도]

(3) 시퀀스 회로도

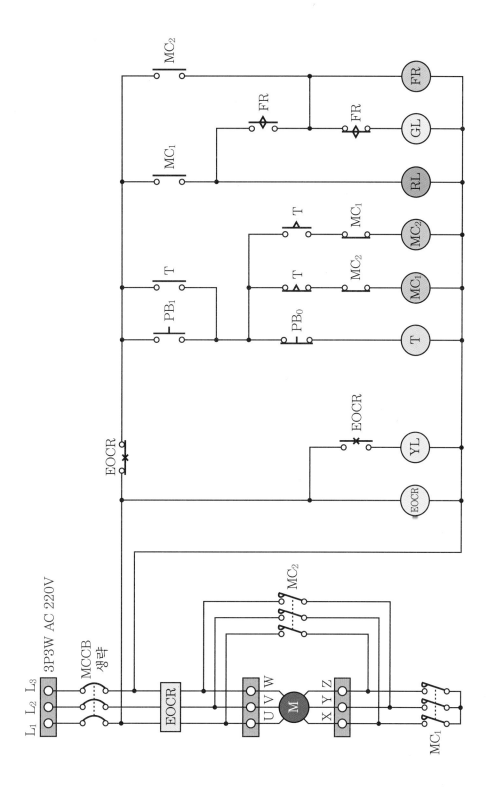

공개 도면 ⑧

(1) 기구 배치도

(2) 범례

기구	색상	재료명
PB$_0$	녹색	푸시버튼 스위치
PB$_1$	적색	푸시버튼 스위치
PB$_2$	적색	푸시버튼 스위치
GL	녹색	램프
RL	적색	램프
YL	황색	램프

(3) 기구의 내부 결선도 및 구성도

[전자접촉기 내부 결선도]　　[EOCR 내부 결선도]　　[12P 소켓(베이스) 구성도]　　[8P 소켓(베이스) 구성도]

[타이머 내부 결선도]

[FR 내부 결선도]

[릴레이 내부 결선도]

(3) 시퀀스 회로도

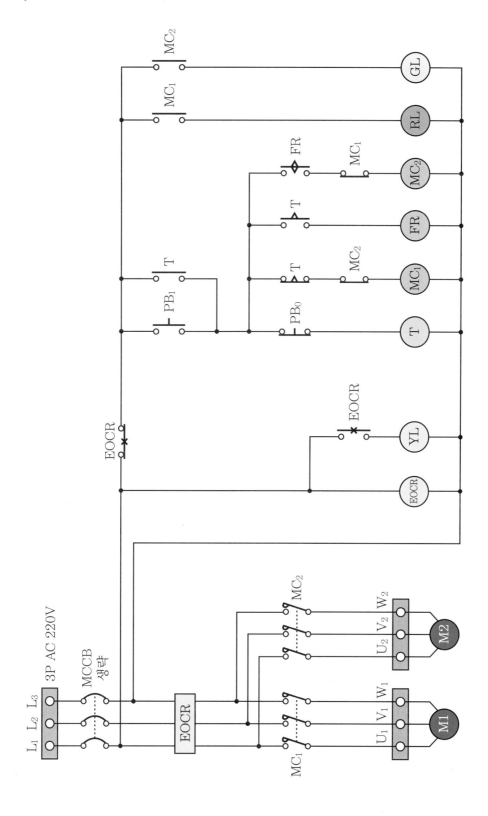

공개 도면 ⑨

(1) 기구 배치도

(2) 범례

기구	색상	재료명
PB_0	녹색	푸시버튼 스위치
PB_1	적색	푸시버튼 스위치
PB_2	적색	푸시버튼 스위치
GL	녹색	램프
RL	적색	램프
YL	황색	램프

(3) 기구의 내부 결선도 및 구성도

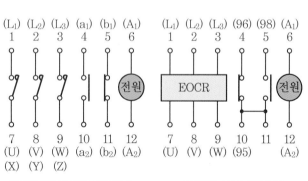

[전자접촉기 내부 결선도]　　[EOCR 내부 결선도]

[12P 소켓(베이스) 구성도]

[8P 소켓(베이스) 구성도]

[타이머 내부 결선도]

[FR 내부 결선도]

[릴레이 내부 결선도]

(3) 시퀀스 회로도

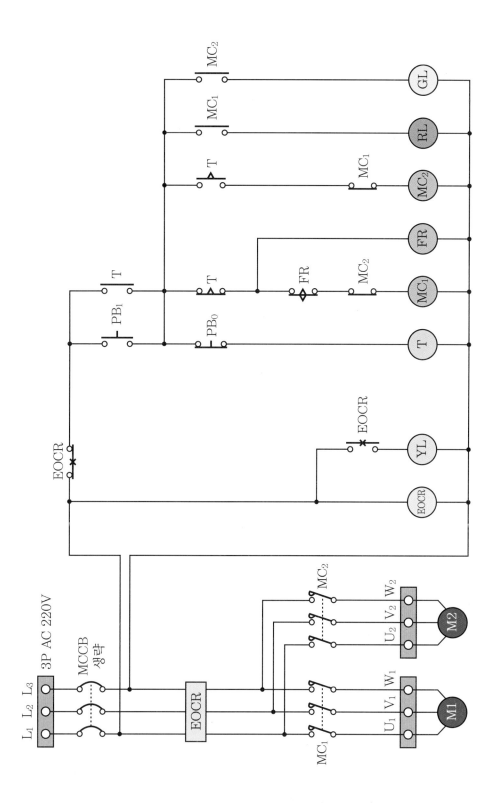

공개 도면 ⑩

(1) 기구 배치도

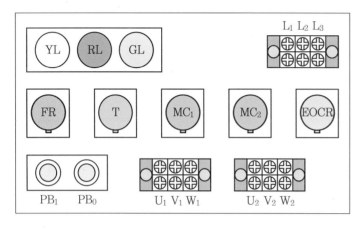

(2) 범례

기구	색상	재료명
PB_0	녹색	푸시버튼 스위치
PB_1	적색	푸시버튼 스위치
PB_2	적색	푸시버튼 스위치
GL	녹색	램프
RL	적색	램프
YL	황색	램프

(3) 기구의 내부 결선도 및 구성도

[전자접촉기 내부 결선도]　　　[EOCR 내부 결선도]

[12P 소켓(베이스) 구성도]

[8P 소켓(베이스) 구성도]

[타이머 내부 결선도]

[FR 내부 결선도]

[릴레이 내부 결선도]

(3) 시퀀스 회로도

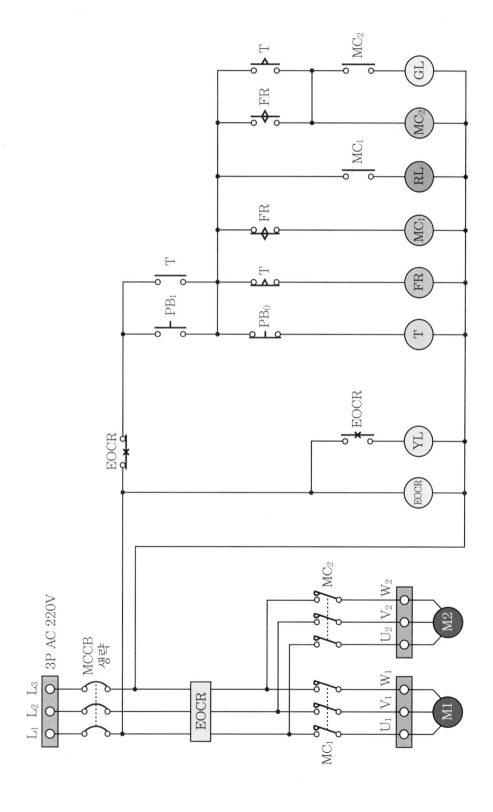

부록 4 · 전기기능사 공개 문제

공개 도면 ①

(1) 배관 및 기구 배치도

※ NOTE : 치수 기준점은 제어함의 중심으로 한다.

(2) 제어판 내부 기구 배치도

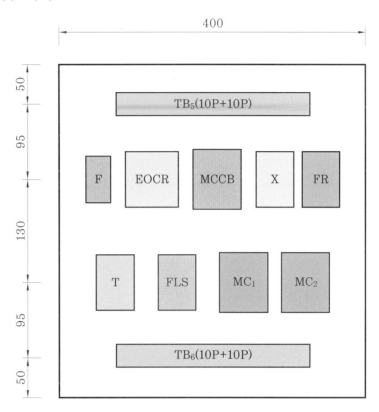

[범례]

기호	명칭	기호	명칭
TB_1	전원(단자대 4P)	PB_0	푸시버튼 스위치(적색)
TB_2, TB_3	전동기(단자대 4P)	PB_1	푸시버튼 스위치(녹색)
TB_4	플로트레스(단자대 4P)	SS	실렉터 스위치
TB_5, TB_6	단자대(10P+10P)	YL	램프(황색)
MC_1, MC_2	전자접촉기(12P)	GL	램프(녹색)
EOCR	EOCR(12P)	RL	램프(적색)
X	릴레이(8P)	BZ	버저
T	타이머(8P)	CAP	홀마개
FR	플리커 릴레이(8P)	Ⓙ	8각 박스
FLS	플로트레스 스위치(8P)	F	퓨즈 및 퓨즈홀더
MCCB	배선용 차단기		

(3) 제어 회로의 시퀀스 회로도

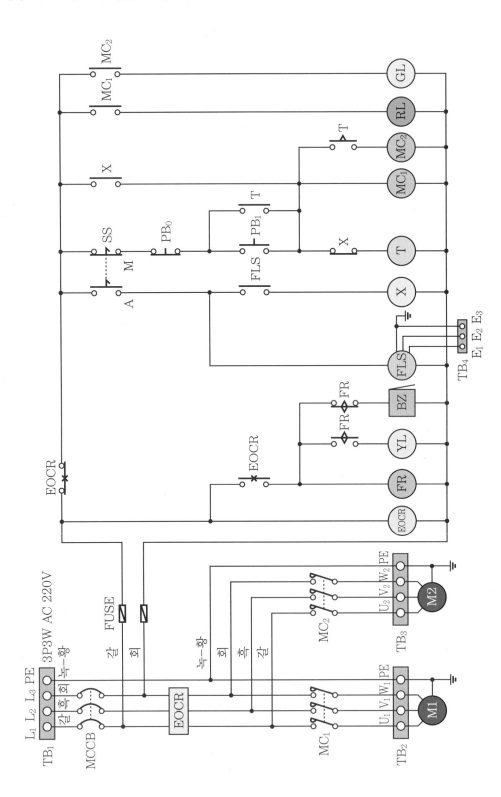

※ NOTE
- 플로트레스 스위치 FLS에서 TB₄로 배선되는 E₁, E₂, E₃는 보조 회로 전선을 사용합니다.
- 플로트레스 스위치 FLS의 보호 도체(접지) 결선은 제어판(TB₆ 또는 FLS 소켓)에서 보호 도체 회로 전선으로 실시합니다.

※ 본 도면은 시험을 위해서 임의 구성한 것으로 상용 도면과 상이할 수 있습니다.

공개 도면 ②

(1) 배관 및 기구 배치도

※ NOTE : 치수 기준점은 제어함의 중심으로 한다.

(2) 제어판 내부 기구 배치도

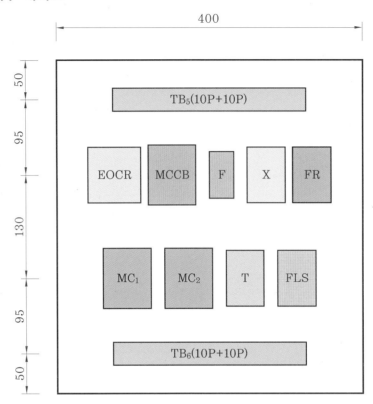

[범례]

기호	명칭	기호	명칭
TB_1	전원(단자대 4P)	PB_0	푸시버튼 스위치(적색)
TB_2, TB_3	전동기(단자대 4P)	PB_1	푸시버튼 스위치(녹색)
TB_4	플로트레스(단자대 4P)	SS	실렉터 스위치
TB_5, TB_6	단자대(10P+10P)	YL	램프(황색)
MC_1, MC_2	전자접촉기(12P)	GL	램프(녹색)
EOCR	EOCR(12P)	RL	램프(적색)
X	릴레이(8P)	BZ	버저
T	타이머(8P)	CAP	홀마개
FR	플리커 릴레이(8P)	Ⓙ	8각 박스
FLS	플로트레스 스위치(8P)	F	퓨즈 및 퓨즈홀더
MCCB	배선용 차단기		

(3) 제어 회로의 시퀀스 회로도

※ NOTE
- 플로트레스 스위치 FLS에서 TB4로 배선되는 E_1, E_2, E_3는 보조 회로 전선을 사용합니다.
- 플로트레스 스위치 FLS의 보조 도체 도체(접지) 절선은 제어판(TB6 또는 FLS 소켓)에서 보조 도체 회로 전선으로 실시합니다.

※ 본 도면은 시험을 위해서 임의 구성한 것으로 상용 도면과 상이할 수 있습니다.

공개 도면 ③

(1) 배관 및 기구 배치도

※ NOTE : 치수 기준점은 제어함의 중심으로 한다.

(2) 제어판 내부 기구 배치도

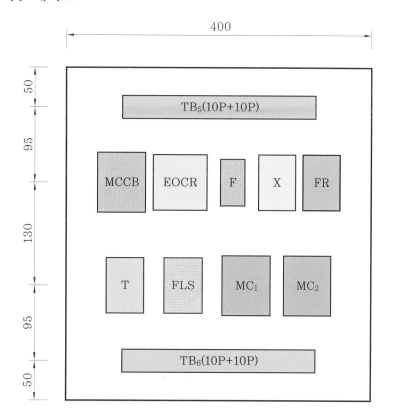

[범례]

기호	명칭	기호	명칭
TB_1	전원(단자대 4P)	PB_0	푸시버튼 스위치(적색)
TB_2, TB_3	전동기(단자대 4P)	PB_1	푸시버튼 스위치(녹색)
TB_4	플로트레스(단자대 4P)	SS	실렉터 스위치
TB_5, TB_6	단자대(10P+10P)	YL	램프(황색)
MC_1, MC_2	전자접촉기(12P)	GL	램프(녹색)
EOCR	EOCR(12P)	RL	램프(적색)
X	릴레이(8P)	BZ	버저
T	타이머(8P)	CAP	홀마개
FR	플리커 릴레이(8P)	Ⓙ	8각 박스
FLS	플로트레스 스위치(8P)	F	퓨즈 및 퓨즈홀더
MCCB	배선용 차단기		

(3) 제어 회로의 시퀀스 회로도

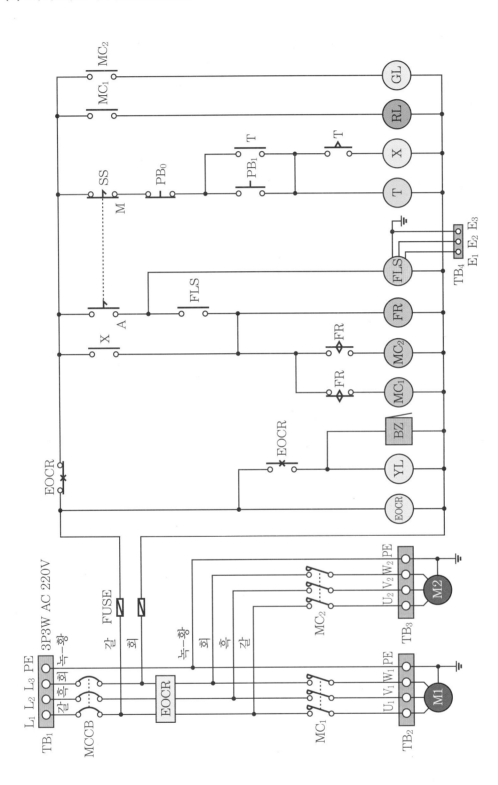

※ NOTE
- 플로트레스 스위치 FLS에서 TB4로 배선되는 E1, E2, E3는 보조 회로 전선을 사용합니다.
- 플로트레스 스위치 FLS의 보호 도체(접지) 결선은 제어판(TB6 또는 FLS 소켓)에서 보호 도체 회로 전선으로 실시합니다.

※ 본 도면은 시험을 위해서 임의 구성한 것으로 상용 도면과 상이할 수 있습니다.

공개 도면 ④

(1) 배관 및 기구 배치도

※ NOTE : 치수 기준점은 제어함의 중심으로 한다.

(2) 제어판 내부 기구 배치도

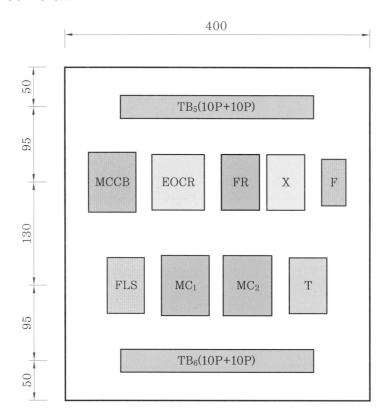

[범례]

기호	명칭	기호	명칭
TB_1	전원(단자대 4P)	PB_0	푸시버튼 스위치(적색)
TB_2, TB_3	전동기(단자대 4P)	PB_1	푸시버튼 스위치(녹색)
TB_4	플로트레스(단자대 4P)	SS	실렉터 스위치
TB_5, TB_6	단자대(10P+10P)	YL	램프(황색)
MC_1, MC_2	전자접촉기(12P)	GL	램프(녹색)
EOCR	EOCR(12P)	RL	램프(적색)
X	릴레이(8P)	BZ	버저
T	타이머(8P)	CAP	홀마개
FR	플리커 릴레이(8P)	ⓙ	8각 박스
FLS	플로트레스 스위치(8P)	F	퓨즈 및 퓨즈홀더
MCCB	배선용 차단기		

(3) 제어 회로의 시퀀스 회로도

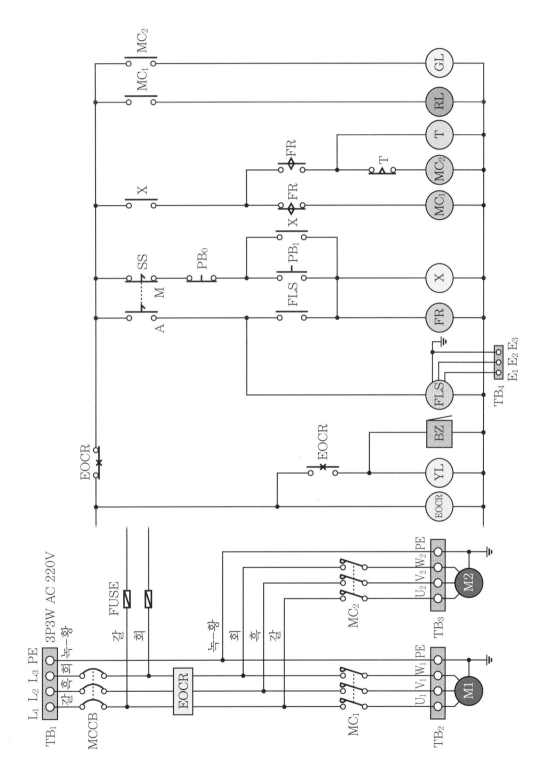

※ NOTE
- 플로트레스 스위치 FLS에서 TB₄로 선되는 E₁, E₂, E₃는 보조 회로 전선을 사용합니다.
- 플로트레스 스위치 FLS의 보호 도체(접지) 결선은 제어판(TB₆ 또는 FLS 소켓)에서 보호 도체 회로 전선으로 실시합니다.

※ 본 도면은 시험을 위해서 임의 구성한 것으로 상용 도면과 상이할 수 있습니다.

공개 도면 ⑤

(1) 배관 및 기구 배치도

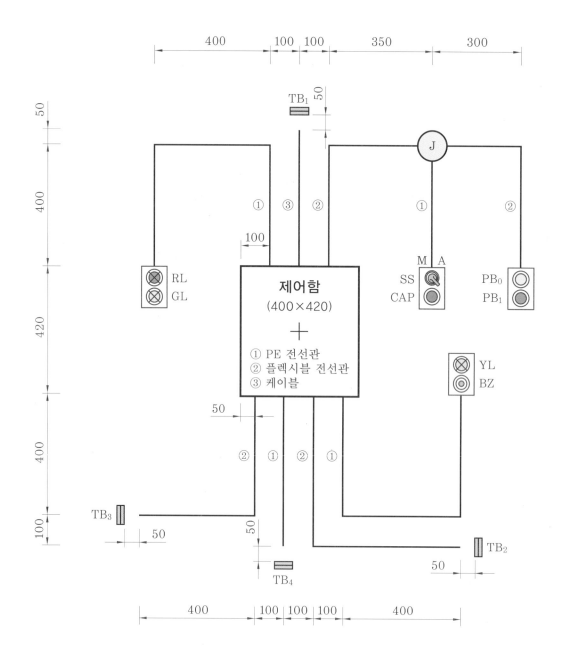

※ NOTE : 치수 기준점은 제어함의 중심으로 한다.

(2) 제어판 내부 기구 배치도

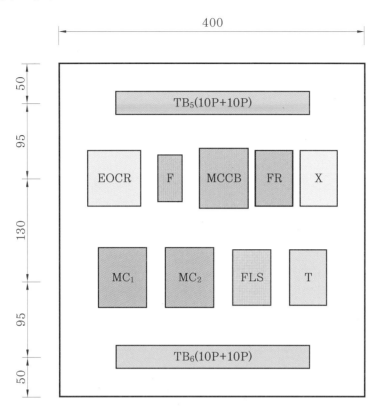

[범례]

기호	명칭	기호	명칭
TB_1	전원(단자대 4P)	PB_0	푸시버튼 스위치(적색)
TB_2, TB_3	전동기(단자대 4P)	PB_1	푸시버튼 스위치(녹색)
TB_4	플로트레스(단자대 4P)	SS	실렉터 스위치
TB_5, TB_6	단자대(10P+10P)	YL	램프(황색)
MC_1, MC_2	전자접촉기(12P)	GL	램프(녹색)
EOCR	EOCR(12P)	RL	램프(적색)
X	릴레이(8P)	BZ	버저
T	타이머(8P)	CAP	홀마개
FR	플리커 릴레이(8P)	Ⓙ	8각 박스
FLS	플로트레스 스위치(8P)	F	퓨즈 및 퓨즈홀더
MCCB	배선용 차단기		

(3) 제어 회로의 시퀀스 회로도

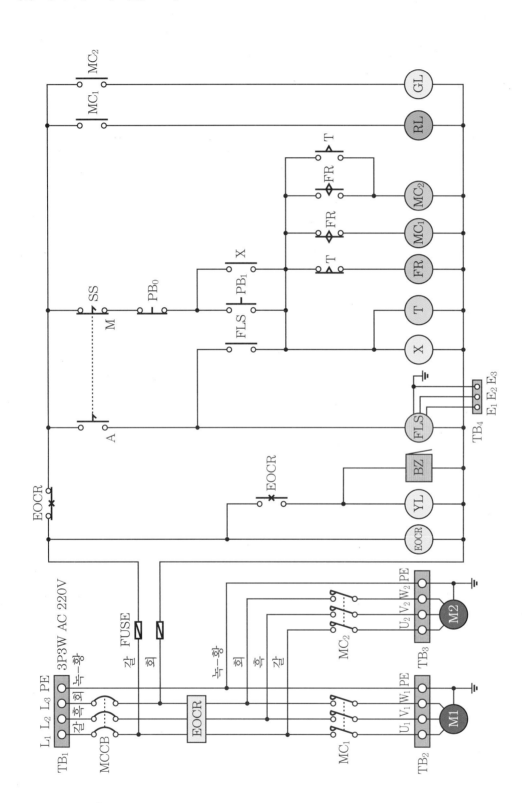

※ NOTE

• 플로트레스 스위치 FLS에서 TB₄로 배선되는 E₁, E₂, E₃는 보조 회로 전선을 사용합니다.

• 플로트레스 스위치 FLS의 보조 도체(접지) 결선은 제어판(TB₆ 또는 FLS 소켓)에서 보조 도체 회로 전선으로 실시합니다.

※ 본 도면은 시험을 위해서 임의 구성한 것으로 상용 도면과 상이할 수 있습니다.

공개 도면 ⑥

(1) 배관 및 기구 배치도

※ NOTE : 치수 기준점은 제어함의 중심으로 한다.

(2) 제어판 내부 기구 배치도

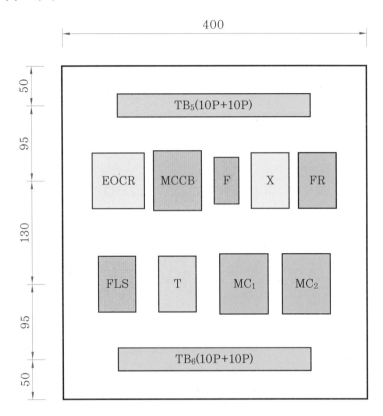

[범례]

기호	명칭	기호	명칭
TB$_1$	전원(단자대 4P)	PB$_0$	푸시버튼 스위치(적색)
TB$_2$, TB$_3$	전동기(단자대 4P)	PB$_1$	푸시버튼 스위치(녹색)
TB$_4$	플로트레스(단자대 4P)	SS	실렉터 스위치
TB$_5$, TB$_6$	단자대(10P+10P)	YL	램프(황색)
MC$_1$, MC$_2$	전자접촉기(12P)	GL	램프(녹색)
EOCR	EOCR(12P)	RL	램프(적색)
X	릴레이(8P)	BZ	버저
T	타이머(8P)	CAP	홀마개
FR	플리커 릴레이(8P)	Ⓙ	8각 박스
FLS	플로트레스 스위치(8P)	F	퓨즈 및 퓨즈홀더
MCCB	배선용 차단기		

(3) 제어 회로의 시퀀스 회로도

※ NOTE
- 플로트레스 스위치 FLS에서 TB_4로 배선되는 E_1, E_2, E_3는 보조 회로 전선을 사용합니다.
- 플로트레스 스위치 FLS의 보조 회로 도체 접지) 결선은 제어판(TB_6 또는 FLS 소켓)에서 보호 도체 회로 전선으로 실시합니다.

※ 본 도면은 시험을 위해서 임의 구성한 것으로 상용 도면과 상이할 수 있습니다.

공개 도면 ⑦

(1) 배관 및 기구 배치도

※ NOTE : 치수 기준점은 제어함의 중심으로 한다.

(2) 제어판 내부 기구 배치도

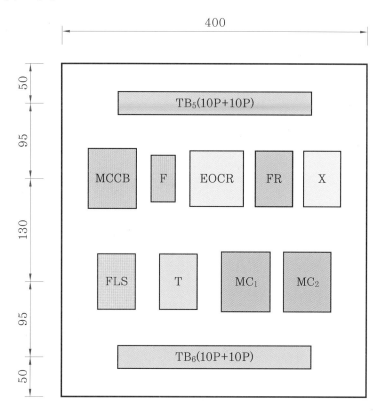

[범례]

기호	명칭	기호	명칭
TB$_1$	전원(단자대 4P)	PB$_0$	푸시버튼 스위치(적색)
TB$_2$, TB$_3$	전동기(단자대 4P)	PB$_1$	푸시버튼 스위치(녹색)
TB$_4$	플로트레스(단자대 4P)	SS	실렉터 스위치
TB$_5$, TB$_6$	단자대(10P+10P)	YL	램프(황색)
MC$_1$, MC$_2$	전자접촉기(12P)	GL	램프(녹색)
EOCR	EOCR(12P)	RL	램프(적색)
X	릴레이(8P)	BZ	버저
T	타이머(8P)	CAP	홀마개
FR	플리커 릴레이(8P)	Ⓙ	8각 박스
FLS	플로트레스 스위치(8P)	F	퓨즈 및 퓨즈홀더
MCCB	배선용 차단기		

(3) 제어 회로의 시퀀스 회로도

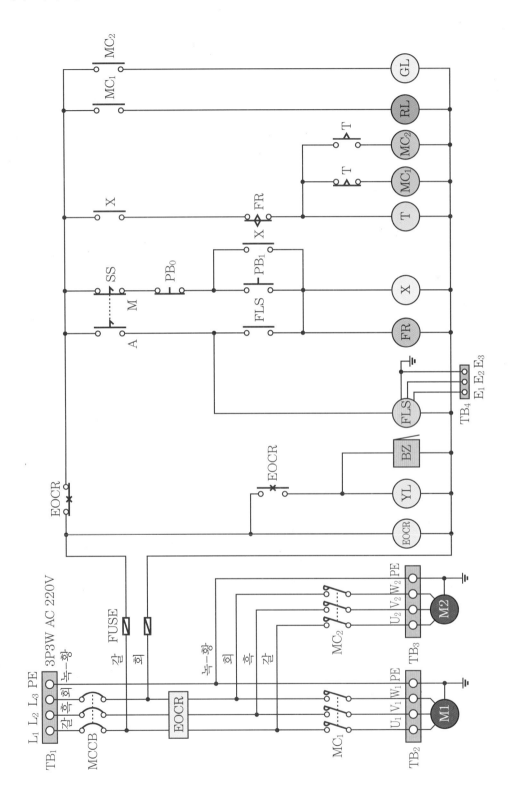

※ NOTE

· 풀몰트베스 스위치 FLS에서 TB₄로 배선되는 E₁, E₂, E₃는 보조 회로 전선을 사용합니다.

· 풀몰트베스 스위치 FLS의 보호 도체(접지) 결선은 제어판(TB₆ 또는 FLS 소켓)에서 보호 도체 회로 전선으로 실시합니다.

※ 본 도면은 시험을 위해서 임의 구성한 것으로 상용 도면과 상이할 수 있습니다.

공개 도면 ⑧

(1) 배관 및 기구 배치도

※ NOTE : 치수 기준점은 제어함의 중심으로 한다.

(2) 제어판 내부 기구 배치도

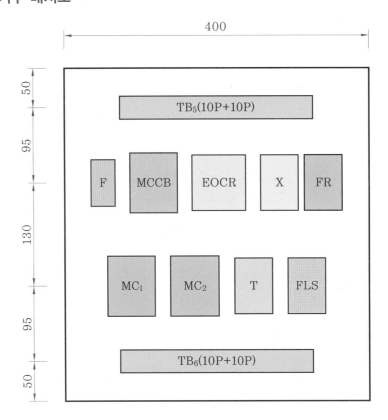

[범례]

기호	명칭	기호	명칭
TB_1	전원(단자대 4P)	PB_0	푸시버튼 스위치(적색)
TB_2, TB_3	전동기(단자대 4P)	PB_1	푸시버튼 스위치(녹색)
TB_4	플로트레스(단자대 4P)	SS	실렉터 스위치
TB_5, TB_6	단자대(10P+10P)	YL	램프(황색)
MC_1, MC_2	전자접촉기(12P)	GL	램프(녹색)
EOCR	EOCR(12P)	RL	램프(적색)
X	릴레이(8P)	BZ	버저
T	타이머(8P)	CAP	홀마개
FR	플리커 릴레이(8P)	Ⓙ	8각 박스
FLS	플로트레스 스위치(8P)	F	퓨즈 및 퓨즈홀더
MCCB	배선용 차단기		

(3) 제어 회로의 시퀀스 회로도

※ NOTE

- 플로트레스 스위치 FLS에서 TB₄로 개선되는 E₁, E₂, E₃는 보조 회로 전선을 사용합니다.
- 플로트레스 스위치 FLS의 보호 도체(접지) 결선은 제어판(TB₆ 또는 FLS 소켓)에서 보호 도체 회로 전선으로 실시합니다.

※ 본 도면은 시험을 위해서 임의 구성한 것으로 상용 도면과 상이할 수 있습니다.

공개 도면 ⑨

(1) 배관 및 기구 배치도

※ NOTE : 치수 기준점은 제어함의 중심으로 한다.

(2) 제어판 내부 기구 배치도

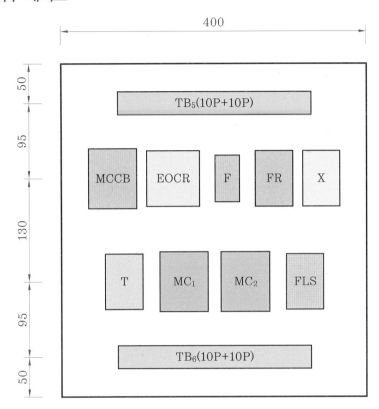

[범례]

기호	명칭	기호	명칭
TB_1	전원(단자대 4P)	PB_0	푸시버튼 스위치(적색)
TB_2, TB_3	전동기(단자대 4P)	PB_1	푸시버튼 스위치(녹색)
TB_4	플로트레스(단자대 4P)	SS	실렉터 스위치
TB_5, TB_6	단자대(10P+10P)	YL	램프(황색)
MC_1, MC_2	전자접촉기(12P)	GL	램프(녹색)
EOCR	EOCR(12P)	RL	램프(적색)
X	릴레이(8P)	BZ	버저
T	타이머(8P)	CAP	홀마개
FR	플리커 릴레이(8P)	ⓙ	8각 박스
FLS	플로트레스 스위치(8P)	F	퓨즈 및 퓨즈홀더
MCCB	배선용 차단기		

(3) 제어 회로의 시퀀스 회로도

※ NOTE

- 플로트리스 스위치 FLS에서 TB₄로 배선되는 E₁, E₂, E₃는 보조 회로 전선을 사용합니다.
- 플로트리스 스위치 FLS의 보호 도체 도체(접지) 결선은 제어판(TB₆ 또는 FLS 소켓)에서 보호 도체 회로 전선으로 실시합니다.

※ 본 도면은 시험을 위해서 임의 구성한 것으로 상용 도면과 상이할 수 있습니다.

공개 도면 ⑩

(1) 배관 및 기구 배치도

※ NOTE : 치수 기준점은 제어함의 중심으로 한다.

(2) 제어판 내부 기구 배치도

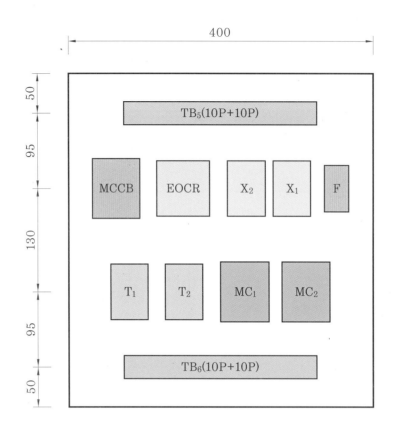

[범례]

기호	명칭	기호	명칭
TB_1	전원(단자대 4P)	PB_0	푸시버튼 스위치(적색)
TB_2, TB_3	전동기(단자대 4P)	PB_1	푸시버튼 스위치(녹색)
TB_4	LS_1, LS_2(단자대 4P)	PB_2	푸시버튼 스위치(녹색)
TB_5, TB_6	단자대(10P+10P)	YL	램프(황색)
MC_1, MC_2	전자접촉기(12P)	GL	램프(녹색)
EOCR	EOCR(12P)	RL	램프(적색)
X_1, X_2	릴레이(8P)	WL	램프(백색)
T_1, T_2	타이머(8P)	CAP	홀마개
F	퓨즈 및 퓨즈홀더	Ⓙ	8각 박스
MCCB	배선용 차단기		

(3) 제어 회로의 시퀀스 회로도

※ 본 도면은 시험을 위해서 임의 구성한 것으로 상용 도면과 상이할 수 있습니다.

공개 도면 ⑪

(1) 배관 및 기구 배치도

※ NOTE : 치수 기준점은 제어함의 중심으로 한다.

(2) 제어판 내부 기구 배치도

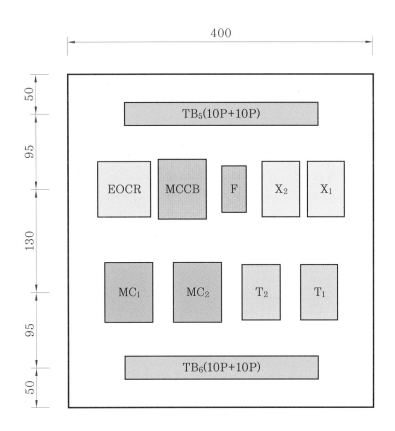

[범례]

기호	명칭	기호	명칭
TB_1	전원(단자대 4P)	PB_0	푸시버튼 스위치(적색)
TB_2, TB_3	전동기(단자대 4P)	PB_1	푸시버튼 스위치(녹색)
TB_4	LS_1, LS_2(단자대 4P)	PB_2	푸시버튼 스위치(녹색)
TB_5, TB_6	단자대(10P+10P)	YL	램프(황색)
MC_1, MC_2	전자접촉기(12P)	GL	램프(녹색)
EOCR	EOCR(12P)	RL	램프(적색)
X_1, X_2	릴레이(8P)	WL	램프(백색)
T_1, T_2	타이머(8P)	CAP	홀마개
F	퓨즈 및 퓨즈홀더	Ⓙ	8각 박스
MCCB	배선용 차단기		

(3) 제어 회로의 시퀀스 회로도

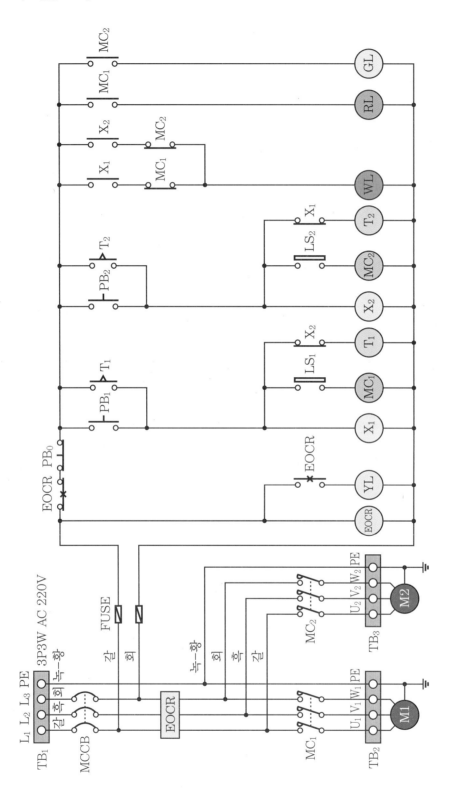

※ 본 도면은 시험을 위해서 임의 구성한 것으로 상용 도면과 상이할 수 있습니다.

공개 도면 ⑫

(1) 배관 및 기구 배치도

※ NOTE : 치수 기준점은 제어함의 중심으로 한다.

(2) 제어판 내부 기구 배치도

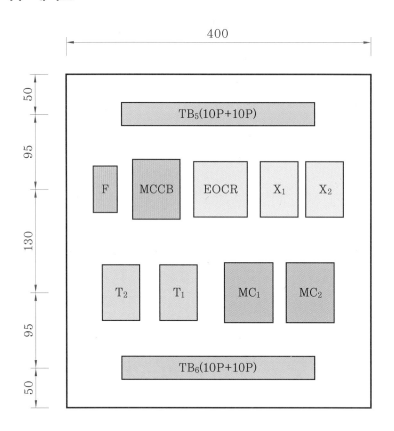

[범례]

기호	명칭	기호	명칭
TB_1	전원(단자대 4P)	PB_0	푸시버튼 스위치(적색)
TB_2, TB_3	전동기(단자대 4P)	PB_1	푸시버튼 스위치(녹색)
TB_4	LS_1, LS_2(단자대 4P)	PB_2	푸시버튼 스위치(녹색)
TB_5, TB_6	단자대(10P+10P)	YL	램프(황색)
MC_1, MC_2	전자접촉기(12P)	GL	램프(녹색)
EOCR	EOCR(12P)	RL	램프(적색)
X_1, X_2	릴레이(8P)	WL	램프(백색)
T_1, T_2	타이머(8P)	CAP	홀마개
F	퓨즈 및 퓨즈홀더	ⓙ	8각 박스
MCCB	배선용 차단기		

(3) 제어 회로의 시퀀스 회로도

공개 도면 ⑬

(1) 배관 및 기구 배치도

※ NOTE : 치수 기준점은 제어함의 중심으로 한다.

(2) 제어판 내부 기구 배치도

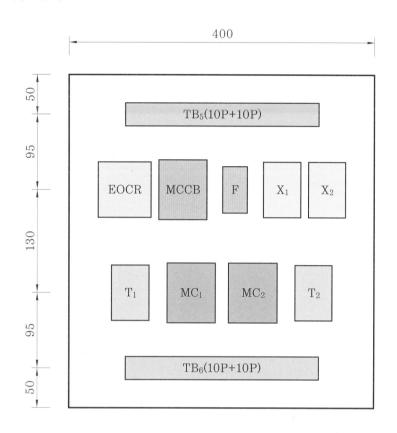

[범례]

기호	명칭	기호	명칭
TB_1	전원(단자대 4P)	PB_0	푸시버튼 스위치(적색)
TB_2, TB_3	전동기(단자대 4P)	PB_1	푸시버튼 스위치(녹색)
TB_4	LS_1, LS_2(단자대 4P)	PB_2	푸시버튼 스위치(녹색)
TB_5, TB_6	단자대(10P+10P)	YL	램프(황색)
MC_1, MC_2	전자접촉기(12P)	GL	램프(녹색)
EOCR	EOCR(12P)	RL	램프(적색)
X_1, X_2	릴레이(8P)	WL	램프(백색)
T_1, T_2	타이머(8P)	CAP	홀마개
F	퓨즈 및 퓨즈홀더	Ⓙ	8각 박스
MCCB	배선용 차단기		

(3) 제어 회로의 시퀀스 회로도

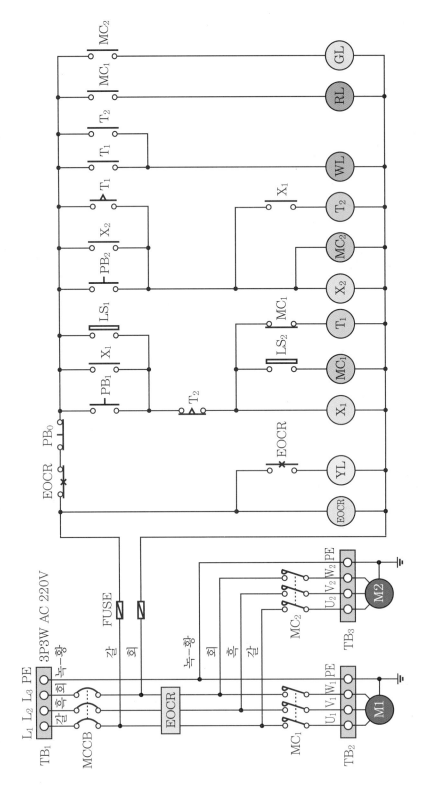

※ 본 도면은 시험을 위해서 임의 구성한 것으로 상용 도면과 상이할 수 있습니다.

공개 도면 ⑭

(1) 배관 및 기구 배치도

※ NOTE : 치수 기준점은 제어함의 중심으로 한다.

(2) 제어판 내부 기구 배치도

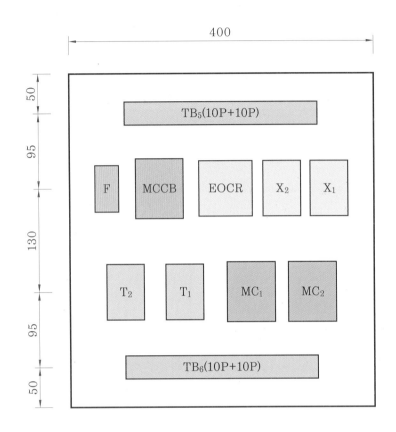

[범례]

기호	명칭	기호	명칭
TB_1	전원(단자대 4P)	PB_0	푸시버튼 스위치(적색)
TB_2, TB_3	전동기(단자대 4P)	PB_1	푸시버튼 스위치(녹색)
TB_4	LS_1, LS_2(단자대 4P)	PB_2	푸시버튼 스위치(녹색)
TB_5, TB_6	단자대(10P+10P)	YL	램프(황색)
MC_1, MC_2	전자접촉기(12P)	GL	램프(녹색)
EOCR	EOCR(12P)	RL	램프(적색)
X_1, X_2	릴레이(8P)	WL	램프(백색)
T_1, T_2	타이머(8P)	CAP	홀마개
F	퓨즈 및 퓨즈홀더	Ⓙ	8각 박스
MCCB	배선용 차단기		

(3) 제어 회로의 시퀀스 회로도

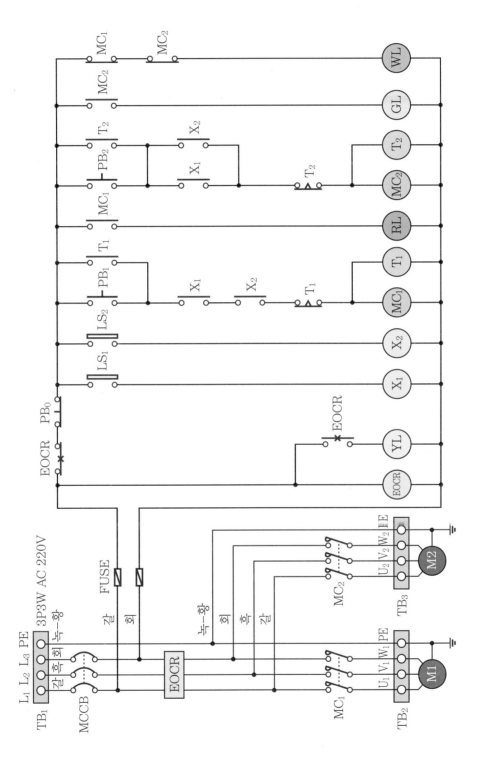

※ 본 도면은 시험을 위해서 임의 구성한 것으로 상용 도면과 상이할 수 있습니다.

공개 도면 ⑮

(1) 배관 및 기구 배치도

※ NOTE : 치수 기준점은 제어함의 중심으로 한다.

(2) 제어판 내부 기구 배치도

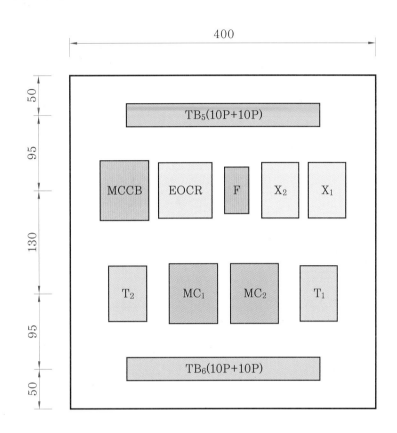

[범례]

기호	명칭	기호	명칭
TB_1	전원(단자대 4P)	PB_0	푸시버튼 스위치(적색)
TB_2, TB_3	전동기(단자대 4P)	PB_1	푸시버튼 스위치(녹색)
TB_4	LS_1, LS_2(단자대 4P)	PB_2	푸시버튼 스위치(녹색)
TB_5, TB_6	단자대(10P+10P)	YL	램프(황색)
MC_1, MC_2	전자접촉기(12P)	GL	램프(녹색)
EOCR	EOCR(12P)	RL	램프(적색)
X_1, X_2	릴레이(8P)	WL	램프(백색)
T_1, T_2	타이머(8P)	CAP	홀마개
F	퓨즈 및 퓨즈홀더	Ⓙ	8각 박스
MCCB	배선용 차단기		

(3) 제어 회로의 시퀀스 회로도

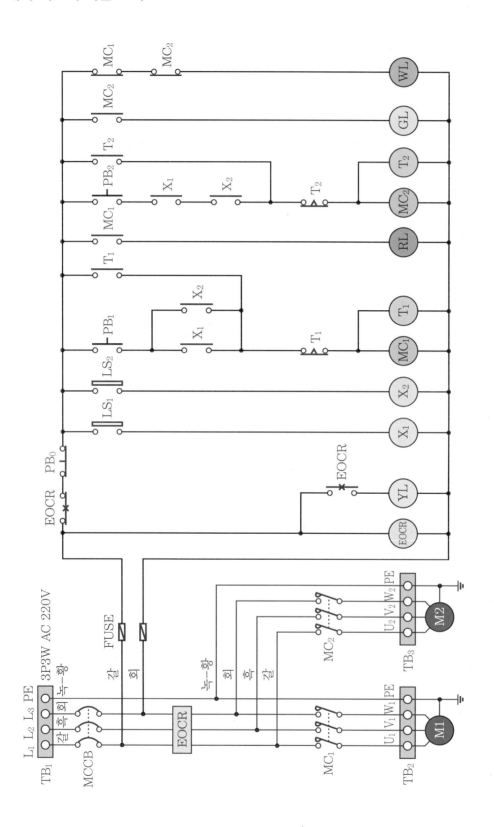

※ 본 도면은 시험을 위해서 임의 구성한 것으로 상용 도면과 상이할 수 있습니다.

공개 도면 ⑯

(1) 배관 및 기구 배치도

※ NOTE : 치수 기준점은 제어함의 중심으로 한다.

(2) 제어판 내부 기구 배치도

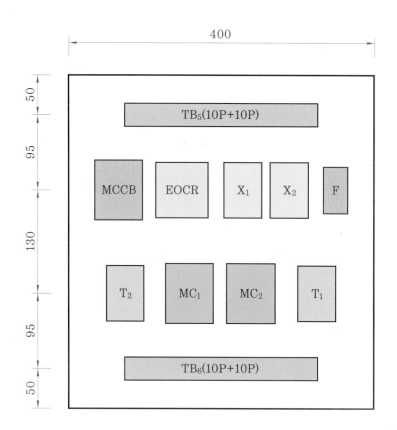

[범례]

기호	명칭	기호	명칭
TB_1	전원(단자대 4P)	PB_0	푸시버튼 스위치(적색)
TB_2, TB_3	전동기(단자대 4P)	PB_1	푸시버튼 스위치(녹색)
TB_4	LS_1, LS_2(단자대 4P)	PB_2	푸시버튼 스위치(녹색)
TB_5, TB_6	단자대(10P+10P)	YL	램프(황색)
MC_1, MC_2	전자접촉기(12P)	GL	램프(녹색)
EOCR	EOCR(12P)	RL	램프(적색)
X_1, X_2	릴레이(8P)	WL	램프(백색)
T_1, T_2	타이머(8P)	CAP	홀마개
F	퓨즈 및 퓨즈홀더	ⓙ	8각 박스
MCCB	배선용 차단기		

(3) 제어 회로의 시퀀스 회로도

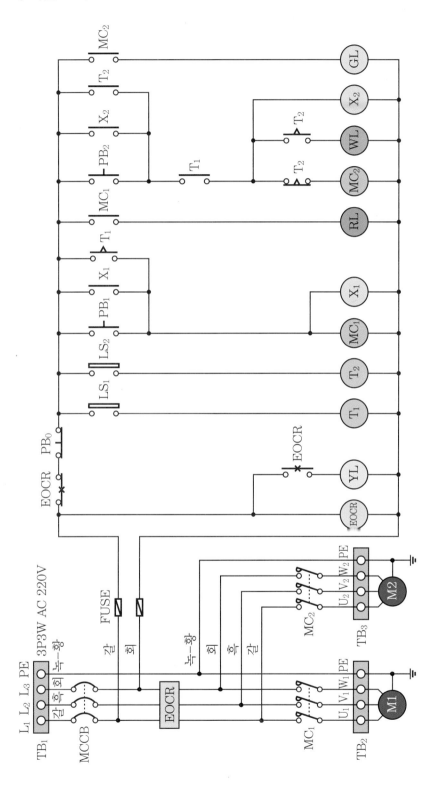

※ 본 도면은 시험을 위해서 임의 구성한 것으로 상용 도면과 상이할 수 있습니다.

공개 도면 ⑰

(1) 배관 및 기구 배치도

※ NOTE : 치수 기준점은 제어함의 중심으로 한다.

(2) 제어판 내부 기구 배치도

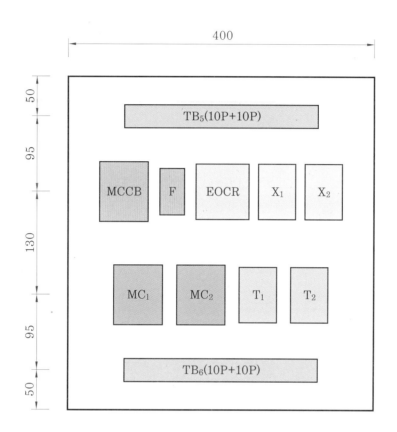

[범례]

기호	명칭	기호	명칭
TB_1	전원(단자대 4P)	PB_0	푸시버튼 스위치(적색)
TB_2, TB_3	전동기(단자대 4P)	PB_1	푸시버튼 스위치(녹색)
TB_4	LS_1, LS_2(단자대 4P)	PB_2	푸시버튼 스위치(녹색)
TB_5, TB_6	단자대(10P+10P)	YL	램프(황색)
MC_1, MC_2	전자접촉기(12P)	GL	램프(녹색)
EOCR	EOCR(12P)	RL	램프(적색)
X_1, X_2	릴레이(8P)	WL	램프(백색)
T_1, T_2	타이머(8P)	CAP	홀마개
F	퓨즈 및 퓨즈홀더	ⓙ	8각 박스
MCCB	배선용 차단기		

(3) 제어 회로의 시퀀스 회로도

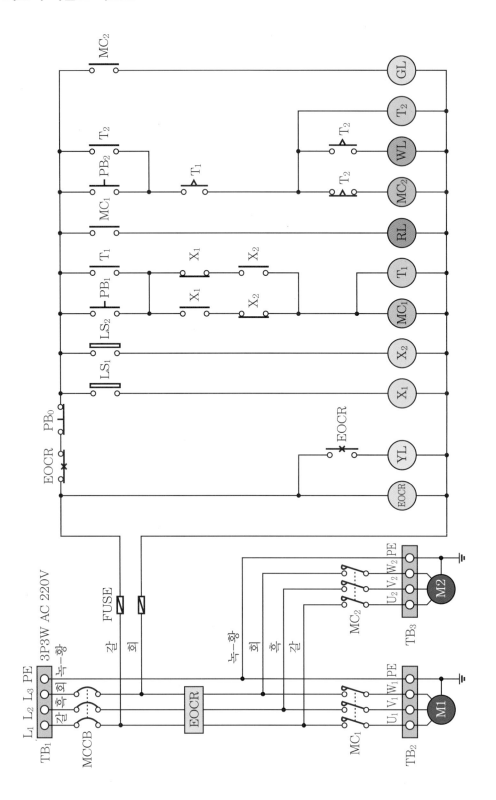

※ 본 도면은 시험을 위해서 임의 구성한 것으로 상용 도면과 상이할 수 있습니다.

공개 도면 ⑱

(1) 배관 및 기구 배치도

※ NOTE : 치수 기준점은 제어함의 중심으로 한다.

(2) 제어판 내부 기구 배치도

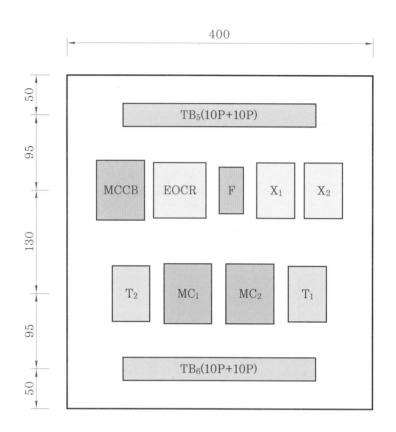

[범례]

기호	명칭	기호	명칭
TB_1	전원(단자대 4P)	PB_0	푸시버튼 스위치(적색)
TB_2, TB_3	전동기(단자대 4P)	PB_1	푸시버튼 스위치(녹색)
TB_4	LS_1, LS_2(단자대 4P)	PB_2	푸시버튼 스위치(녹색)
TB_5, TB_6	단자대(10P+10P)	YL	램프(황색)
MC_1, MC_2	전자접촉기(12P)	GL	램프(녹색)
EOCR	EOCR(12P)	RL	램프(적색)
X_1, X_2	릴레이(8P)	WL	램프(백색)
T_1, T_2	타이머(8P)	CAP	홀마개
F	퓨즈 및 퓨즈홀더	Ⓙ	8각 박스
MCCB	배선용 차단기		

(3) 제어 회로의 시퀀스 회로도

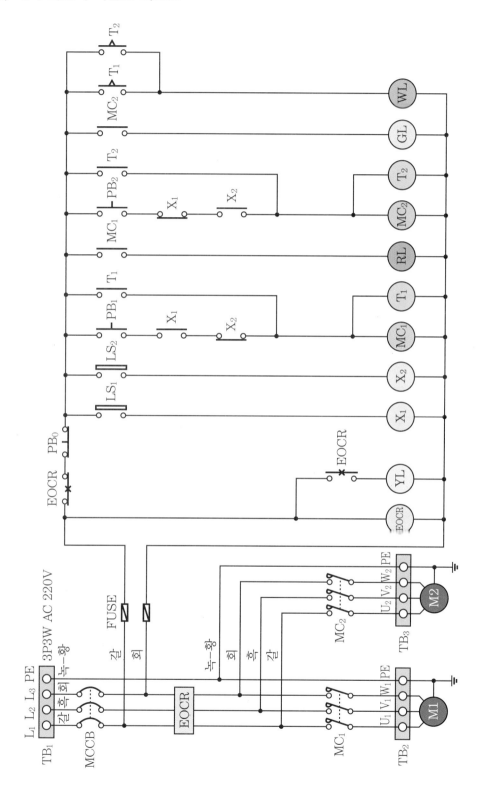

※ 본 도면은 시험을 위해서 임의 구성한 것으로 상용 도면과 상이할 수 있습니다.

시퀀스제어 실기/실습

2022년 1월 15일 1판 1쇄
2023년 5월 15일 1판 2쇄

저자 : 오선호 · 노명준 · 원우연 · 이동환 · 구인석 · 이강희
펴낸이 : 이정일

펴낸곳 : 도서출판 **일진사**
www.iljinsa.com

04317 서울시 용산구 효창원로 64길 6
대표전화 : 704-1616, 팩스 : 715-3536
이메일 : webmaster@iljinsa.com
등록번호 : 제1979-000009호(1979. 4. 2)

값 28,000원

ISBN : 978-89-429-1677-1